高等学校计算机专业教材精选·图形图像与多媒体技术

U0128831

Maya 3D艺术设计 实训教程

王兆成 编著

清华大学出版社

北京

内 容 简 介

为达到"指导实践,启发引导;实操理解,感悟解惑;反复实践,熟练掌握;灵活运用,创新发展"之目的,本书首先介绍了实践案例和"拉手教学法"的指导思想和原则,然后在章节内容的安排上,前 6 章主要简述了有关 Maya 的基本操作和建模等重要环节的基础知识,包括一些基本概念、建模、纹理贴图、添加视觉效果和渲染等常用的必备知识,自第 7 章以后的章节内容主要描述了在"拉手教学法"实训过程中绘制手机各部分的实操过程和所涉及的补充知识,可使读者快乐学习 Maya 设计工具和技术的同时,具有一种自我成就的感受。当然,感受神奇魅力,提高学习兴趣,获取实践经验,提升设计能力,也是作者编写本书的期盼和初衷。

本书可作为大专院校有关艺术设计专业的 Maya 设计实训、实践教学的教材,也可作为从事三维动画、影视广告、工业设计等方面的 Maya 初学者、技能培训班、业余爱好者等的学习教程。

图书在版编目(CIP)数据

Maya 3D艺术设计实训教程/王兆成编著. —北京: 清华大学出版社,2011.3
(高等学校计算机专业教材精选·图形图像与多媒体技术)
ISBN 978-7-302-24615-2

Ⅰ. ①M…　Ⅱ. ①王…　Ⅲ. ①三维—动画—图形软件,Maya—高等学校—教材
Ⅳ. ①TP391.41

中国版本图书馆 CIP 数据核字(2011)第 012433 号

责任编辑:汪汉友　王冰飞
责任校对:徐俊伟
责任印制:孟凡玉

出版发行:清华大学出版社　　　　　　　　地　　址:北京清华大学学研大厦 A 座
　　　　　http://www.tup.com.cn　　　　邮　　编:100084
　　社　　总　　机:010-62770175　　　　邮　　购:010-62786544
　　投稿与读者服务:010-62795954,jsjjc@tup.tsinghua.edu.cn
　　质　量　反　馈:010-62772015,zhiliang@tup.tsinghua.edu.cn
印　刷　者:北京鑫丰华彩印有限公司
装　订　者:三河市溧源装订厂
经　　销:全国新华书店
开　　本:185×260　　印　　张:18.25　　字　　数:459 千字
版　　次:2011 年 3 月第 1 版　　　　　印　　次:2011 年 3 月第 1 次印刷
印　　数:1～4000
定　　价:66.00 元

产品编号:039225-01

出 版 说 明

我国高等学校计算机教育近年来迅猛发展,应用所学计算机知识解决实际问题已经成为当代大学生的必备能力。

时代的进步与社会的发展对高等学校计算机教育的质量提出了更高、更新的要求。现在,很多高等学校都在积极探索符合自身特点的教学模式,涌现出一大批非常优秀的精品课程。

为了适应社会的需求,满足计算机教育的发展需要,清华大学出版社在进行了大量调查研究的基础上,组织编写了《高等学校计算机专业教材精选》。本套教材从全国各高校的优秀计算机教材中精挑细选了一批很有代表性且特色鲜明的计算机精品教材,把作者对各自所授计算机课程的独特理解和先进经验推荐给全国师生。

本系列教材特点如下。

(1) 编写目的明确。本套教材主要面向广大高校的计算机专业学生,使学生通过本套教材学习计算机科学与技术方面的基本理论和基本知识,接受应用计算机解决实际问题的基本训练。

(2) 注重编写理念。本套教材的作者群为各高校相应课程的主讲,有一定经验积累,且编写思路清晰,有独特的教学思路和指导思想,其教学经验具有推广价值。本套教材中不乏各类精品课配套教材,并力图努力把不同学校的教学特点反映到每本教材中。

(3) 理论知识与实践相结合。本套教材贯彻"从实践中来到实践中去"的原则,书中许多必须掌握的理论都将结合实例来讲,同时注重培养学生分析问题、解决问题的能力,满足社会用人要求。

(4) 易教易用,合理适当。本套教材编写时注意结合教学实际的课时数,把握教材的篇幅。同时,对一些知识点按教育部教学指导委员会的最新精神进行合理取舍与难易控制。

(5) 注重教材的立体化配套。大多数教材都将配套教师用课件、习题及其解答,学生上机实验指导、教学网站等辅助教学资源,方便教学。

随着本套教材陆续出版,我们相信它能够得到广大读者的认可和支持,为我国计算机教材建设及计算机教学水平的提高,为计算机教育事业的发展做出应有的贡献。

清华大学出版社

前　言

Maya是划时代的、世界顶级的三维动漫设计软件之一，主要应用于角色动画、专业影视广告、电影特技、建筑、游戏角色设定、游戏场景及工业造型的设计等方面。Maya的应用范围极其广泛，运用它设计出的作品在我们生活的周围到处可见。诸如：在好莱坞大片电影中炫目的影片片头，震撼人心的特效视频场面，吸引人们眼球的电视与网络广告，炫目而充满想象力的电子艺术插图，精细的仿真精品模型等，不胜枚举。

Maya 3D软件在动画模型、角色设计和复杂的场景设计等方面体现出极大优越性和高效性的同时，还具有极其完善而强大的设计功能，与其他应用程序也有着良好的兼容性能，例如，可与Adobe Illustrator、Macromedia Flash及读写AutoCAD *.dwg文件的程序联合使用，能为人们进行产品或作品设计提供极其方便的操作流程。

另一方面，从社会对人才需求的角度看，学习Maya 3D设计软件，掌握好一种设计与操作技能，将具有良好的就业前景。正是基于这种思想，我才开始着手编写了这本极其适合于高职高专类在校生进行实训教学的教程，以加强他们在设计与操作技能方面的实践与训练，为毕业就业奠定一个良好的技术基础。

就学习Maya 3D设计与操作技能而言，我有着在Adobe专业培训机构多次受训的体会和感触。由于Maya 3D软件操作复杂，给初学者在学习与操作上带来一系列的困难，其结果往往会使他们望而却步，从而导致丧失学习的积极性和自信心。因此，如何创新思维找到一条有效解决教与学问题的捷径，不仅仅是教育者倍加关注的一个问题，更是受教育者迫切关心的问题。

本教程是在总结专业设计实践和实训教学经验的基础上，结合本人在运用计算机艺术设计软件进行辅助设计方面的成长感受与体会，针对于难教与难学问题而编写的，其指导思想是：要充分体现以案例为实践载体，以"教"设计思路、"教"步骤方法，启发与指导相结合；以"学"操作与步骤、"学"工具与命令，直观结果画面，理解、感悟与解惑，达到熟练掌握和灵活运用的目的。在实践教学过程设计上，体现"教"与"学"两方面内容的指导原则可概括为四句话，三十二个字：指导实践，启发引导；实操理解，感悟解惑；反复实践，熟练掌握；灵活运用，创新发展。通过采用案例驱动、图文并茂、手把手的实践教学方法（作者称之为"拉手教学法"），按照专业化设计程式和步骤，由浅入深地让每一位初学者或实训者从典型案例——"手机产品样机设计"中，事半功倍地获得自行完成设计全过程的有益知识和实践经验，并通过举一反三受益终生。

本书在章节内容的安排上，充分体现了"拉手教学法"的指导思想和原则，可概述为：书的前半部分章节内容主要简述Maya的基本知识和建模等重要环节的知识，教你学习Maya的常用概念、建模、纹理贴图、添加视觉效果和渲染等一些常用的必备知识；而后半部分的章节内容主要描述了在"拉手教学法"实训过程中所涉及的、绘制手机各部分的操作过程，可使读者在学习与掌握 Maya 的设计工具和技术的同时,感受到自己是多么神奇地实现了一种产品的设计。当然,感受神奇魅力,提高学习兴趣,获取实践经验,提升设计能力,也是作者编写本书的初衷和期盼。

本书的主要特色是:案例引导,拉手教学,不但让你知道怎么做,还让你知道为什么这么做。本书可作为美术院校以及大专院校的专业实训教材,也可作为从事三维动画、影视广告、建筑设计、工业设计等方面的初学者和 Maya 设计技能培训班、CG 爱好者等的参考书。

最后,对在本书编写期间给予我不断关心、鼓励、帮助的亲朋好友表示衷心的感谢! 对清华大学出版社的支持和编审们付出的辛勤劳动深表谢意! 同时,也把本书作为最好的礼物献给他(她)们,献给长期培养和关心我成长的老师和父母亲!

鉴于本人经历和学识有限,书中难免会有不妥之处,敬请同行读者赐教,不胜感谢。

编　者

2010 年 10 月

目　　录

第1章 实践案例与拉手教学法

本章在对案例实践教学的重要性和必要性进行简要阐述的基础上,为唤起学习的主动性和积极性,主要对拉手教学法的案例设计思想、学习方式和应注意问题给予了较详细的说明,以便学习者在后续的实践环节中引起高度的关注和重视。

1.1 Maya 3D 设计实训教学的背景和目的

目前,随着我国文化产业及动漫设计技术的快速发展,对具有较高水平的应用型艺术设计和技能型设计操作人才的社会需求也与日俱增。然而,伴随高校艺术类专业和相关高职、高专类专业的招生规模不断扩大,致使教育与教学资源出现严重短缺的现象。面对培养社会急需的、具有较强设计操作能力的技能型人才的培养教育目标,可以说在教学课程体系、师资队伍、实训环境和教材等建设方面凸显不足,与扩招速度相比严重滞后。因此,高等教育教学改革势在必行。近年来,在教育教学改革方面取得的一项公认的重要成果,就是以案例驱动的模式,进行实践教学或实训教学。实践证明:以案例驱动教与学、学与用互动结合的教学模式,是不断提升学生动手能力,适应技能型社会人才需求培养的一条有效途径。

对于艺术设计类专业的人才培养来说,其专业特点决定了对实践性教学有更高的要求。从社会人才需求和谋职就业考虑,如何创新思维找到一条能有效解决教与学问题的捷径,不仅仅是教育者倍加关注的一个问题,更是受教育者迫切关心的问题,因为他们渴望:在有限的学习时间内,学到的东西要有用,要被社会就业部门、机构或企业认可,为找到一个适合自己展现才华、以求自我发展的工作岗位奠定良好的基础。

目前,鉴于 Maya 3D 软件在动画模型、角色设计和复杂的场景等方面体现出的优越性和高效性,且具有完善而强大的功能等特点,深受艺术设计人员的青睐,因而也在大多数高校艺术设计人才培养的课程设置方案中作为一门课程或选修课被采用。但是,也由于它极其丰富的功能和操作复杂性,给初学者带来一系列的难以学习与掌握等方面的问题,从而导致他们望而却步,丧失学习的积极性和自信心。通过艺术设计实践和实训教学的经验积累,结合自己在艺术设计方面成长的感受与体会,我认为:以案例驱动为载体,采用图文并茂、讲授与解惑相结合的方法,手把手地进行实践教学(即"拉手教学法"),将会起到事半功倍、意想不到的效果。

本教程实施"拉手教学法",由案例教学驱动,按照专业设计规范要求,由浅入深地按专业化设计程式步骤,让每一位初学者或实训者从典型案例中获得使用 Maya 3D 软件自行完成设计全过程的有益知识和实践经验,并通过举一反三受益终生。同时该实践教学方式不仅能有效激发学生们的学习兴趣和积极性,提高教学质量,还可极大地降低学校在实践教学环节付出的培养成本,有良好的社会经济效益。

1.2　教学实践案例——手机产品样机设计

为什么要选择手机产品样机作为设计的教学驱动案例,而不选别的案例? 其原因很简单,主要是从以下几个方面进行考虑:

(1) 随着3G时代的到来,手机作为既方便又快捷的通信工具,已成为人们日常生活中不可缺少的一部分,到处可见,实训学生几乎人人皆有。

(2) 手机也是人们手中的一种心爱的"玩物"艺术品,具有许多艺术美的元素和特征,可以涵盖到学习与掌握Maya 3D软件操作的大部分主要功能。

(3) 在学习掌握了基本操作过程的基础上,实训学生可以把自己的手机作为样机,创造性地发挥想象力进行自主设计或模仿,可起到意想不到的举一反三的效果。

为什么要采用手把手式的实践教学或图文并茂的模仿性操作? 是不是太简单了? 不利于培养学习者的创新性思维? 根据从事Maya教学与应用艺术设计类软件进行辅助设计的经验,我认为:学习使用辅助设计工具与掌握设计工具完成辅助设计是两种完全不同的概念,学会使用较容易,熟练掌握较难,灵活组合运用则更难。熟练掌握设计工具是需要经过一个较长时间的不断强化训练、体会与感悟的过程。对于初学者而言,且不管他们具备的基础知识与能力如何,要想在有限的时间内完成像Maya 3D软件功能如此复杂的操作训练和提高学习效果,如果缺乏规范化的专业性指导,又没有适当的教学手段和方法,可以说是完全不可能的。

为解决"难教"与"难学"等问题,我认为以手机样机为案例,采用图文并茂的互动方式进行规范化操作指导,拉手教学实现实训操作训练,就像初学者临摹经典的书法、绘画等精品一样进行良好的模仿性设计操作训练,不失是一种好的学习方式和训练捷径。它既符合人们学习与成长的过程,也符合学习与实践的规律,也就是说,首先,是要进行模仿性学习,学会操作;然后,再经过不断实践与领悟,才能熟练掌握;最后,才会从体会和感悟中得到悟性,举一反三,创新发展。

1.3　拉手教学的案例设计思想与指导原则

以案例驱动拉手教学的设计指导思想是:要充分体现以案例为实践载体,以"教"设计思路、"教"步骤方法,启发与指导相结合;以"学"操作步骤、"学"工具命令,通过直观结果画面,理解、感悟与解惑,达到熟练掌握和灵活运用的目的。为实现案例设计的思想和目的,在实践教学过程设计上,体现"教"与"学"两方面内容的指导原则,可概括为四句话(即三十二个字):指导实践,启发引导;实操理解,感悟解惑;反复实践,熟练掌握;灵活运用,创新发展(注:本教程要求能达到自主完成一种手机样机设计的水平)。

1. 指导实践,启发引导

面对绝大部分初学者(尤其是非艺术类高职高专的学生),在有限的课程实践环节安排时间内,能较快地学好用好Maya 3D软件工具进行辅助设计,确实是一件难事。因此作为一名教育者,如何做到加强实践教学指导,引导和启发学生进行有效的学习训练,显得尤其重要。否则,会放任自由,我行我素。其结果是:要么被面临的无从下手的困难所吓倒而退却，为混个学分成绩才到场；要么会被暂时的不惑挫伤实践学习的积极性，而失去学习的自信心；要么因不能看到自己的阶段性设计成果，倍感无助而沮丧，失去学习的动力和激情。诸如此类的学习现象（且不管实训教学的软硬件环境如何，也不论学生的层次水平高低等原因），可以说在实践教学过程中屡见不鲜，时常发生。

另一方面，教育者对实践教学过程应有一个正确的认识，即：指导实践是职责，启发引导是灵魂。因此，本教程在每一实践章节前或实践过程中，对主要学习掌握的内容，设计的步骤方法与思路，以及对后续设计将起到的作用与影响，都加入一些给予启发与指导的内容；同时对有关设计实践中应该注意的某些主要问题，在必要的时候也给予提醒或警示。

2. 实操理解，感悟解惑

对于学习任何一种辅助设计工具来说，没有好的办法或捷径可寻，只有一条途径：在学习基本功能和操作方法的基础上，不断地加强动手操作，以提高基本的实操能力；还要坐得住、静下气、耐住性，在奠定实操基本功底和好的理解基础上，进一步学会工具和命令的多种或多态的不同组合方式和方法，不断在进行实操观察设计效果中理解和感悟其组合设计的"魅力"，去解惑可能会或将来会遇到的同类问题。只有如此，才算学了一种软件辅助设计的工具，但还称不上你会把它用好。

我对学习软件辅助设计工具的体会是：实操是学习的基本功，理解是组合运用的核心，解惑是能力的提升，感悟是自我发展的需要。为便于读者主动学习和实操训练，本教程在案例教学的整个过程中，对手机样机的每一部件的设计步骤和操作方法，都以节号的方式进行标识，并配以实际的操作方法图示，直观、清晰，所操即所见，所见为效果。开始学习时会感觉到有些难，但只要遵循操作程式坚持学下去，会发现越学越容易，越学越有趣。

3. 反复实践，熟练掌握

就熟练掌握好一种工具而言，我有一种"没有学历层次高低之分"的不成熟观点。不是说你的学历层次越高，你就越能掌握和运用得好，但不否认可能你会学得快。对于学习掌握好一种 3D 设计工具，要相信自己只要经过反复的不断实操训练，一定能掌握好，进而熟能生巧，组合运用不同的功能或工具命令实现某种设计操作。只有这样才能在进一步理解与领悟的基础上，把设计过程的操作熟练水平提升一个层次，而成为你的某一种设计技能。

在反复实践过程中，希望你能认识到并记住这样一句话：熟练掌握无诀窍，反复实操是真道；不断实践熟生巧，学会技能成真招。因此，本书在对各部件的设计中，除不断加入一些新的实操内容外，还特别注重以组合或融合的方式对已学过的知识进行反复的训练，在进一步提升其熟练掌握的程度的同时，关注不断提升综合运用设计工具和命令的能力和水平。

4. 灵活运用，创新发展

目前采用案例驱动的方式进行实训教学，可以说是一种教学改革的好方法。但我要说的是：我们必须理性地认识到，案例只能是一种特定的案例，如果仅仅局限于让你参照或模仿性地学会一些设计操作技能，而不会举一反三、灵活运用去解决今后将会面临的设计问题，那么实训的效果是要大打折扣的。对于如何进一步地提高学生们自我创新发展的能力，确实是我们教育者应该认真思考和不断研究探索的一个问题。我认为：灵活运用是掌握一种技能熟练程度的体现，也是具有自我创新发展能力的前提；创新发展是技能运用的更高境界层次，又是我们学会技能的最终目的。

本教程作为一种探索，在对实践案例的选择时，力图做到不仅要让学习者完全参照或模仿性地学会一些设计操作技能,还要让他们有一个自由发挥的设计空间。选择手中"玩物"的手机为设计案例,基本人人皆有,手机部件基本相似,艺术外形精彩纷呈但各不相同。灵活运用工具,创新发展即自主完成一种手机样机的设计,实属初衷。愿望和期待是:让初学者参照或模仿本书所描述的设计方法和步骤进行设计时,完全以自己的手机为设计对象,自主完成各自的样机设计。也许只有这样,才会更好地提高他们的综合设计能力,发挥自己的想象力和创造力,充实实现实训教学之目的。

1.4 学习与实践应注意的方法

鉴于上述设计思想和指导原则,为做到"教"与"学"默契配合,应注意以下的学习与实践方法。如果你想明白了其中的道理,将会收到事半功倍、意想不到的效果。

(1) 明确实践学习目的,查看阅读本书实训目录章节。明白将要学习些什么,理清思路,把握将要学会掌握些什么,以便有一个总体概念。

(2) 类比手工艺术设计与计算机辅助设计之间的差异和优缺点。手工艺术设计过程中使用的工具(如笔、纸、尺、色等),与计算机辅助设计过程中使用的工具大不相同,诸如类比:鼠标光标与坐标=笔,工作窗口与图层=纸,空间坐标与大小方位=尺、调色板与光亮度=色……在操作实践中,要不断地体会它们的差异和优势,以加深对为什么要按设计程式去做的理解,更好地去掌握操作。

(3) 要时刻明白计算机(包括软、硬件等)是设计工具,不是人。在设计过程中,要用自己头脑中的设计思想和智慧,告诉它你要做什么,怎么去做,这样你就不难理解为什么要建模,为什么要按设计程式去选取命令、工具、设置类型和参数等你认为的烦琐操作,以帮助你解决诸多可能遇到的不惑,提高学习的兴趣和效率。

(4) 注意设计思路和操作程式(步骤)是完全按章节中序号的形式编写的。为养成主动地自主学习和按设计规范程式操作的良好习惯,本书完全按章节序号的形式编写,在提前阅读理解的基础上,你要完全相信自己可以以自己的手机为对象完成模拟或创新设计。

(5) 所见即所得。为方便设计操作,经常会建立一个或一些新图层,以便把较复杂的设计对象分解成较简单的对象进行处理,也便于不受其他部分干扰地、在新的图层进行设计制作。为不断看到部分设计在整体上的设计效果,建议在设计制作完成后,进入视图观察操作,看一看整体设计效果。所见即所得,以加深对设计操作的进一步理解,同时可不断地提高你的自信心和成就感。

(6) 改变设置或参数,观看变化和影响,进一步加深理解和掌握操作。这也是一种好的学习方法,不能简单地理解为就教程学教程,就操作练操作。为掌握好一种技能,要有良好的学习心态,养成一种好的学习习惯。

(7) 建议:注意删除中间设计结果,不断优化图层,有效保留(存储)设计文档。随着设计制作的图层和文档不断增多,你会体会到:这样做会给你的设计过程带来一系列方便和益处。

(8) 注意:在设计制作中要记住或用笔随时记下你给图层、材质、视图等文件的命名,它们所在不同工程文档中的位置(包括目录、路径等),以及提醒你的注释说明,以帮助你查找、使用和回忆。否则,记错或忘记将会给你带来很多麻烦,也影响设计工作效率。

(9) 在实训过程中,要对获得的学习体会和方法不断地进行总结,这对今后的学习会有很多好处。

第 2 章　基本操作方法简介

本章首先对 Maya 软件进行简述,使读者对其有所了解;然后对一些基本的操作方法给予较详细的指导性说明。诸如:如何恢复系统安装时的状态,如何设置面板菜单及显示其布局,在建造模型时怎样利用通道参数框进行参数设置,在设计过程中如何进行移动、缩放与旋转等操作完成大小与方位的调整,怎样进行渲染材质的选择与编辑和插入已有图片以增强效果等。由于这些操作方法将会在后续的设计过程中频繁使用,所以一定要高度重视,熟练掌握。

2.1　Maya 软件简述

Maya 软件具有强大的设计功能,并拥有成熟的 NURBS 建模(曲面建模)、Polygon建模(多边形建模)和 Subdivision 细分曲面建模(介于曲面和多边形建模中间)等多种方式。毫不夸张地说,它几乎包括了动画制作的全部功能,即从高级建模、角色动画、材质环境、高品质渲染等基本功能,到毛发、衣服、粒子、动力学、画笔、烟火闪电特技等高级功能。

另一方面,在雕刻建模(Artisan)、细分曲面建模(Subdivision)和绘画特效(Paint Effects)、毛发(Fur)、衣服(Cloth)设计等方面更是 Maya 软件的独创;超级渲染器也是Maya 设计软件的一大特色,诸如 Maya Software Renderer、MentalRay for Maya、新的矢量渲染器(Vector Renderer)以及硬件渲染(Hardware Rendering),都能够为设计者提供高质量的画面渲染效果,其矢量渲染器和有突破性的硬件渲染,还可让设计者根据工作性质和需要进行合适的渲染方式选择。与其他设计软件相比,Maya 软件同时还具有较完善的工作流程和运行稳定等优势。

因此,学习好 Maya 软件和掌握好基本的操作方法,对提升今后的自我创新设计能力和水平,将会起到至关重要的作用。

2.2　确认环境与启动系统

在进行手机样机设计实训之前,首先要熟悉教学实训环境和确认所使用的微机终端上是否安装有 Maya 7 以上版本的软件产品(如图 2.1 所示)。如有,可在系统桌面 Maya 7 图标处直接双击鼠标即可启动进入该系统;如没有,可找到它后,按照系统安装引导性说明进行自动安装,或参考有关安装说明进行系统安装。启动后的系统主界面如图 2.2 所示。

图 2.1　确认微机系统桌面装有 Maya 7

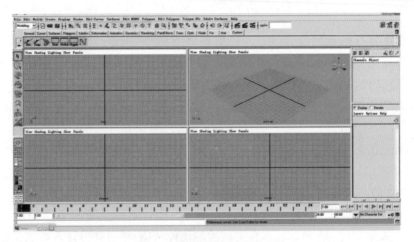

图 2.2　系统启动后的主界面

2.3　Maya 系统主界面的功能布局

系统主界面的功能布局如图 2.3 所示，现对其进行简要说明如下。

- Menu Bar(菜单栏)：Maya 的菜单命令，根据模块的不同，命令也会不同。在菜单栏中又分为公共菜单和模块菜单两种。
- Status Line(状态栏)：主要用于指定各种各样的工具设置，显示工作区域应用的图标、按钮和其他项目，也用于模块之间的切换。
- Shelf(工具架)：是一些工具及自定义的项目的集合。通过创建自定义工具箱，可把常用工具和操作组织在一起。
- Toolbox(常用工具栏)：包含通用工具，以及最后选择的工具和用来改变视图和布局的图标。
- Quick Layout(视图快捷布局按钮)：可以使用位于 Toolbox 中的 Quick Layout 按

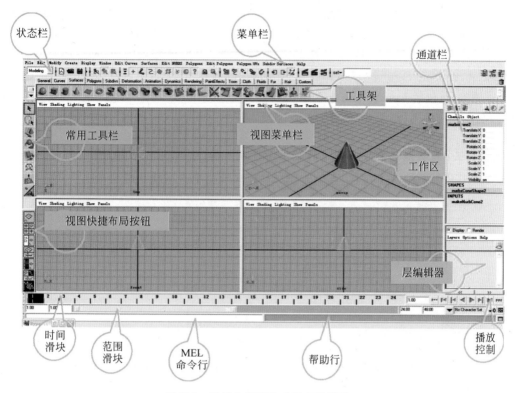

图 2.3 系统主界面的功能布局说明

钮来选择不同的面板或切换到另一种布局。

- Workspace(工作区)：主要目的是用来查看场景，还可以显示各种编辑器，并以不同方式来组织工作区中的面板。
- View Menus(视图菜单栏)：提供对当前视图的一些命令控制。
- Channel Box(通道栏)：用来直接访问和修改物体、节点的属性等。通道框内的属性都是可以设置动画的，在通道栏上面的属性名称上右击鼠标，会出现一个快捷菜单，可以对属性设置动画，锁定属性不修改或对属性指定表达式。
- Layer Editor(层编辑器)：层是将对象分组的一种方式。
- Time Slider(时间滑块)：当前时间指示和动画播放按钮。
- Range Slider(范围滑块)：动画的开始时间和终止时间，播放的开始时间和结束时间。
- Command Line(命令行)：输入 MEL 命令语言。
- Help Line(帮助行)：提示当前工具的使用方法以及下一步的操作方法。

2.4 系统安装的状态恢复

在设计操作过程中，最让初学者头痛的一件事是：往往因自己的不熟练和误操作，很可能会把整个系统搞乱，而无法找到自己所需要的工具或菜单。因此，必须首先学会恢复系统本来面目的操作。否则，就要重新进行系统安装，既耗时又麻烦。

由于 Maya 软件具有很强的操作记忆功能,在退出 Maya 时会连同更改的参数和屏幕布局都保存下来,所以系统安装的状态是可以恢复的。其系统的恢复操作方法是:首先,不要急于进入 Maya 系统,打开 Windows 系统的资源管理器,找到已安装系统的路径目录(如为 C:\Documents And Settings\(User Name)\My Documents\Maya);然后,把该目录下的文件内容全部删除(也包括 Icons\Marking Menus、Shelves 子目录以及 MEL 文件);最后,双击桌面上进入 Maya 系统的图标,即可恢复到 Maya 系统安装时的原始状态(如图 2.4 所示)。

提示:根据原始安装时使用的版本或设置不同,重新启动 Maya 后也可能会出现只有单个工作区窗口的主界面(如图 2.4 所示),这也有利于今后能正确地系统恢复。

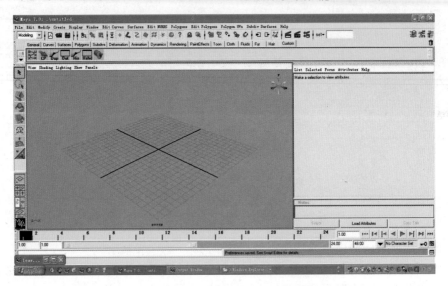

图 2.4 恢复系统后的 Maya 主界面

2.5 面板菜单及显示布局的个性化设置

为方便设计操作,可根据自己的习惯进行个性化的面板菜单显示布局与设置。其操作方法是:在主界面中依次选取菜单命令 Display|UI Elements|Hide UI Elements;此时除主菜单和操作空间外,所有的工具栏、通道框、时间栏、信息栏都会全部消失。如图 2.5 所示,当需要显示某些工具或栏目时,可重新选择菜单命令 Display|UI Elements,在出现的子菜单中选择需要的选项进行设置,即可完成面板菜单设置及显示的个性化布局。其设置菜单的选项说明如下。

- Status Line:显示或隐藏状态栏。
- Shelf:显示或隐藏工具架。
- Time Slider:显示或隐藏时间栏。
- Range Slider:显示或隐藏时间范围栏。
- Command Line:显示或隐藏命令行。
- Help Line:显示或隐藏帮助栏。

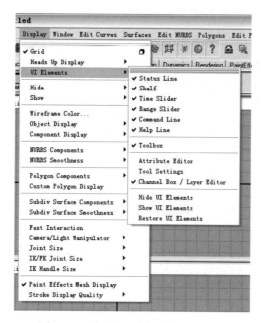

图 2.5 面板界面元素的选取与设定

- Toolbox：显示或隐藏左边的工具。
- Attribute Editor：显示或隐藏属性编辑器。
- Tool Settings：显示或隐藏安装工具设置。
- Channel Box/Layer Editor：显示或隐藏通道框/层编辑器。

提示：如果把光标移动到屏幕中心，按住键盘的空格键不放，此时将会出现浮动的总菜单(如图 2.6 所示)，它除包括主菜单外，几乎涵盖了所有操作命令的各种子菜单视图。可以看出，整个屏幕完全变成了在设计过程中进行各种功能选择的操作空间，使用该扩展了的

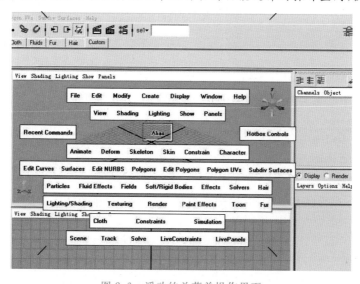

图 2.6 浮动的总菜单操作界面

操作空间,可极其方便地实现各种设计功能的快速选择,以节省通过栏式菜单依次选取所需功能的时间,提高工作效率。但是建议:这种操作最好是在你对 Maya 设计操作有一定了解之后再使用。

运用浮动总菜单方式选取所需功能菜单的操作步骤是:

(1)按住空格键不放,出现浮动菜单。

(2)将光标置于需要选择的菜单上,单击鼠标并按住不放,直至移动到想选择的菜单选项上再松开,即可实现选择命令工具或菜单之目的。这种操作模式可以使屏幕显示得到更加充分的利用,并使显示出的设计功能菜单布局更加简洁。

2.6　建造模型通道参数框操作

建造模型是设计过程中首要而且最重要的一步,实际上,模型建造也是通过对其参数的选择与设定来实现的。例如,创建一个 NURBS 球体模型,其操作方法是:依次选取菜单命令 Create|NURBS Primitives|Cylinder,如图 2.7 所示。圆柱体模型创建后,还可以通过设置屏幕右边通道框中的参数来改变模型的造型。

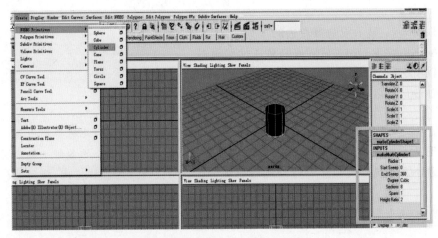

图 2.7　建造模型通道参数框的界面

通道参数框中的主要参数说明如下。

- End Sweep:改变扫描角度,即圆柱体旋转成型的角度。例如,设置为 180 度,圆柱体可沿 Z 轴方向向前旋转 180 度。
- Degree:粗糙度选择,单击此选项可出现粗糙与细腻两种选择。例如,当选择 Linear 时花瓶呈现粗糙,选择 Cubic 时花瓶呈现细腻。
- Sections:精度选择。例如,增加此参数值可提高花瓶的精度。

2.7　移动、缩放与旋转操作

在设计过程中,经常会选择对物体的移动、旋转和缩放这三种变换操作。为此,可在屏幕左边固定的常用工具栏中选取所需要的工具,对被选对象实现移动、旋转、缩放等操作(如

图 2.8 所示），非常便捷。如果选择菜单命令 Modify|Transformation Tools，再从其子菜单下分别选择 Move Tool（移动工具）、Rotate Tool（旋转工具）或 Scale Tool（缩放工具），此时视图中也会出现所选工具的特殊标志，但该操作方法较不方便。

小技巧：也可以在视图中，选择对象之后按住鼠标左键进行拖曳来移动物体。按住键盘 Shift 键的同时，按住鼠标中键移动可以实现在某一特定方向如 X 轴、Y 轴方向的水平移动，非常方便快捷。在旋转和缩放时也可以采用此鼠标中键的操作方法，需要在操作熟练的基础上加以运用掌握。

图 2.8 常用工具栏的图标选项说明

2.8 材质选择与编辑材质的方法

对模型赋予材质，首先是要依次选择 Window|Rendering Editors|Hypershade 命令，才能进入如图 2.9 所示的材质编辑器。

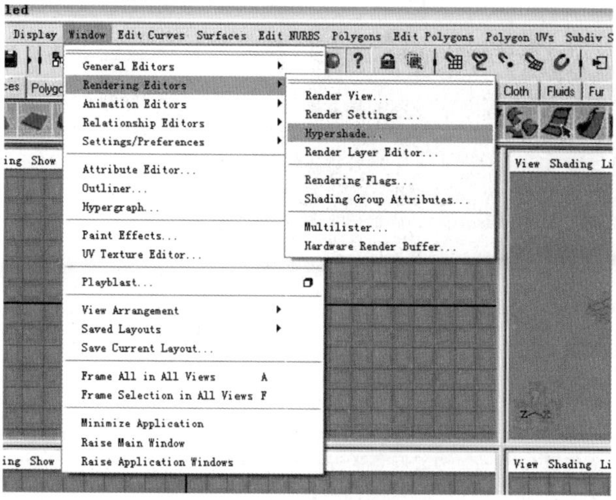

图 2.9 材质编辑器的操作界面

然后，在创建渲染节点的 Create Maya Nodes 面板中选择 Lambert 材质。如果需要有光泽的材质，则选择 Blinn 材质（如图 2.10 所示）。单击 Blinn 材质，此时在面板中会出现如图 2.11 所示的 Blinn 材质球，在该材质球上双击鼠标将出现右侧材质属性选择面板。

最后，在材质属性面板中，单击如图 2.12 所示 A 处会出现调色盘；可在调色盘（如图 2.12 所示 B 处）上对材质进行颜色调整，还可单击 Transparency 选项（如图 2.12 所示 C 处），在色彩区调节材质的透明度；在调整或改变其中选项时，图中面板里的材质球也会随之发生变化。当材质调整完毕后，回到如图 2.11 所示的面板，此时在 Blinn 材质球上按住鼠标左键，并把它拖曳到视图的物体上释放，物体此时即被赋予了这个 Blinn 材质。

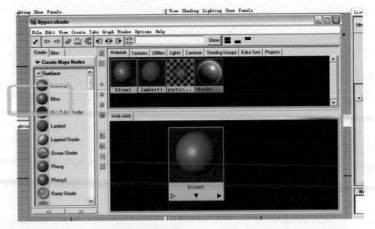

图 2.10　创建渲染节点和材质选择

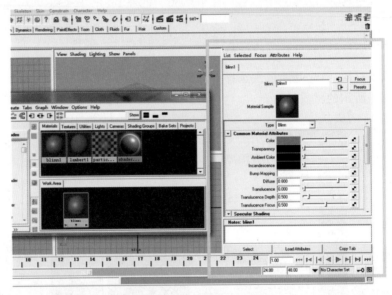

图 2.11　材质属性选择操作面板

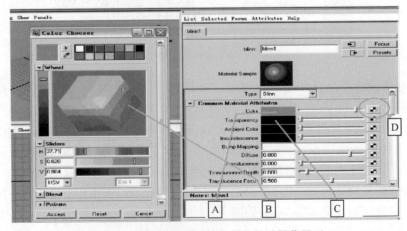

图 2.12　调色盘与材质颜色属性粘贴操作界面

提示：如果在调整颜色后，还要在物体上粘贴某种纹理图案，可单击如图 2.12 所示的 D 处选择材质库面板，此时出现各种纹理的材质库面板，如图 2.13 所示。

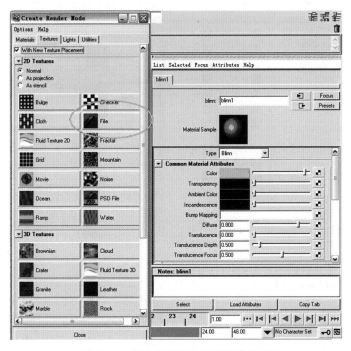

图 2.13　材质纹理属性选择操作界面

2.9　插入已有图片以增强设计效果的方法

插入已有图片以增强设计效果，也是经常用到的一种操作。如果想改变颜色，可单击如图 2.14(a)所示 A 处进行选择；如果想贴进去一张图片以增强设计节点的某种效果，可单击

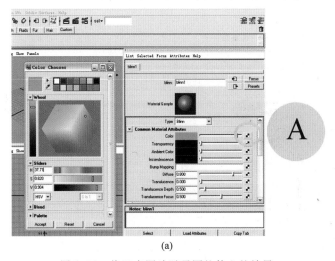

(a)

图 2.14　将已有图片赋予圆柱体上的效果

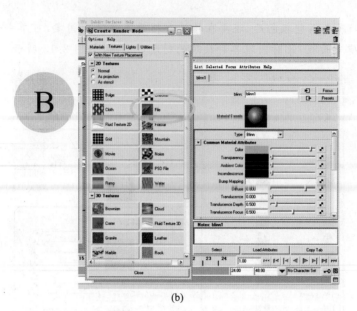

(b)

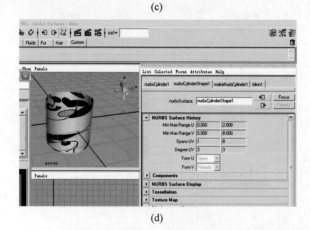

(c)

(d)

图 2.14(续)

如图 2.14(b)所示 B 处进入已有 File 文档,选择已有的图片文件,将其赋予设计的对象目标上,然后再观看一下其显示效果。

提示:因篇幅有限,对于一些有关 Maya 的基础知识、基本功能和操作方法等方面的内容,不再赘述,请参阅本书后面提供的有关参考书。建议:手边最好有一本有关 Maya 基本功能的工具书,以便遇到问题时自查。

第 3 章　建立 Maya 工程文件

本章主要讲述进行设计前的第一步，也是重要的一步，如何建立自己的工程文件。实际上，是要告诉计算机系统，今后要设计制作的作品和涉及的所有文件将要分门别类地存放到什么地方，以备将来查找和使用。同时，本章对进行三维建模时贴入参考视图的整体放置问题也给予了可供参考性的说明。

3.1　如何建立 Maya 工程文件

为确保设计过程中设置的参数、数据和设计文件安全保存，便于日后操作使用和恢复，必须设定或建立一个工程文件夹。操作步骤如下：

（1）首先，创建一个工程文件夹（如图 3.1 所示），选择菜单命令 File|Project|Set。

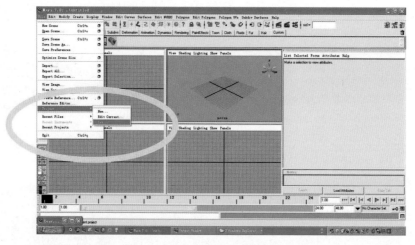

图 3.1　创建工程文件夹的操作

（2）在出现的选项栏中选择 Location 项，用键盘输入设定的目录路径和命名（如图 3.2 所示）后，右击 Browse。

（3）在如图 3.3 所示的文件夹目录中可找到已命名的文档夹，可以作为一个作图用的固定文件夹。

（4）完成创建工程文件夹的设定操作，在出现的选项栏中选择 Use Defaults 项（如图 3.4 所示），最后单击 Accept 按钮。

提示：创建工程文件成功后，完全可以在所设定的硬盘路径目录中找到所建立的工程文件夹。例如，图 3.5 是本实训建立的工程文件夹，其中的标示说明是：A 是场景文档夹，如果选择 Save 命令保存时，存放的视图文件是 .mel 格式的文档，包含图层等；B 是图片文件夹，渲染出来的图像默认地放于此文件夹中；C 为贴图文件夹，存放渲染时所用的图片，以便于在制作材质时从中选择。

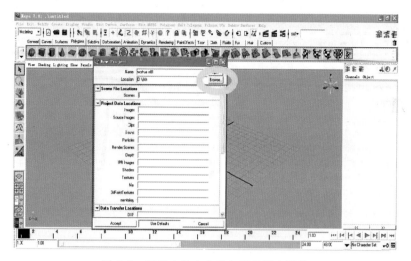

图 3.2　工程文件夹命名与路径设定操作

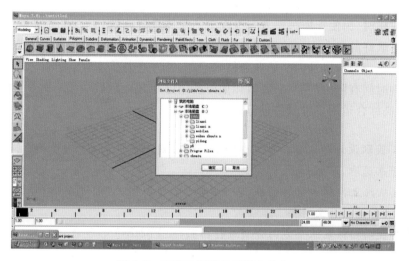

图 3.3　查看已创建的工程文件夹

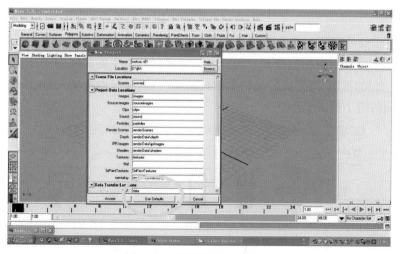

图 3.4　工程文件的设定操作

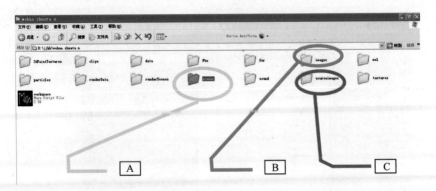

图 3.5 在设定的硬盘路径目录中已创建的工程文件夹

3.2 将三个方向的视图文件放入工程文件夹中

在三维建模时，为便于解决贴入三维视图的整体放置问题，可以事先采取多种方法，将已设计好或选取好的三个方向的视图放到工程文件中。其目的是：一要解决初学者对整体设计建模的认识、理解，以及面临的专业技术问题，因为绝大部分学生是非艺术专业的学生；二要解决实训时间有限的问题；三要教你如何利用已在其他软件中设计好的东西来进行综合设计，以提高综合运用多种软件进行设计的能力。

提示：获取设计对象在三个方向（X、Y、Z）的视图文件的方法，可以根据你的艺术功底和层次水平来选取，具体如下：

（1）直接从网上找到手机样品在三个方向上的视图图片，经过 Photoshop 等软件制作后，存入工程文件的图片文件夹。

（2）利用数码相机在三个方向分别进行拍照，经 Photoshop 等软件制作后，转存入图片文件夹。

（3）如果具有较好的艺术功底和充足的实训时间，可分别设计出三视图的图片，然后存入图片文件夹。

本书提供了修剪制作之后的手机三视图图片，三视图的图片经过调整，放入已建工程文件夹（sourceimages）中，例如如图 3.6 所示，top 是手机的上平面的视图文件；back 是下平面（即两个 X 平面）的视图文件；side 是侧平面（即一个 Y 平面）的视图文件；side1、side2 分别是 Z 方向平面的两个视图文件。

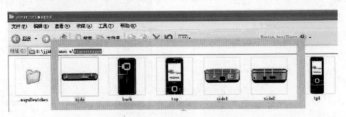

图 3.6 放入图片文件夹三个方向的视图文件

　　关于在三维建模中,如何把 top、side 和 side1 三个方向的平面视图放置到如图 3.7 所示的方位上,又怎样为精确地对齐放入而设置相关参数等操作细节,将在下一章详细介绍。

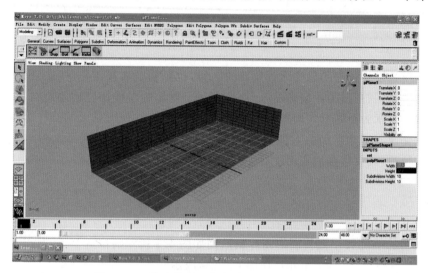

图 3.7　三维建模时三方向平面视图贴入的方位

第 4 章　三维设计建模与贴图操作

三维建模是设计过程的首要而且重要的一步,也是初学者较难理解和掌握的内容。创建三视图图层,将三视图图片精确贴入,这样有利于操作的时候精确地绘制对象,及时地调整对象形状。本章为更贴近实训教学的实际,将三维建模与视图贴入的操作过程放在一起讲述。同时完成三维建模和贴入视图的操作的主要好处是:既体现了学习与实践的综合性,又方便、快捷,具有很强的实用性。

4.1　创建 X 工作平面和设置贴图尺寸参数

要把已有的手机 X 平面视图的图片粘贴到如图 4.1 所示的位置上,其操作方法是:

(1) 选择建模模式(Modeling)(如图 4.1(A)所示)。

(2) 选择多边形(Polygons)选项(如图 4.1(B)所示)。

(3) 选择制作平板的图标,制作出一个多边形的平板(如图 4.1(C)所示)。

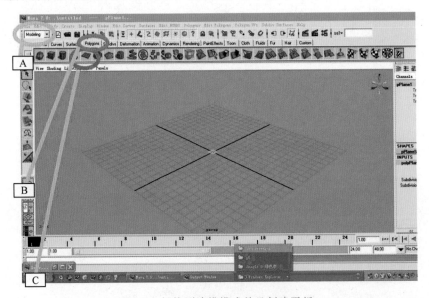

图 4.1　切换到建模模式并且创建平板

然后,为将图片整齐地贴到手机顶部,需要进行尺寸与方位参数的设置操作,即将平面的长、宽调整成为图片 top 的尺寸,如图 4.2 所示。

为便于在制作模型时观察形体结构,选择菜单 Shading|Wireframe on Shaded,如图 4.3 所示,这也是有实践经验的设计师向你推荐的一种方法,在以后的建模操作中将体会到其优点。

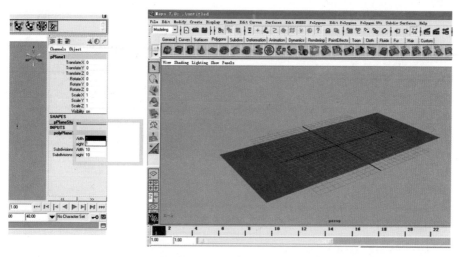

图 4.2　将平面的长、宽调整为图片 top 的尺寸

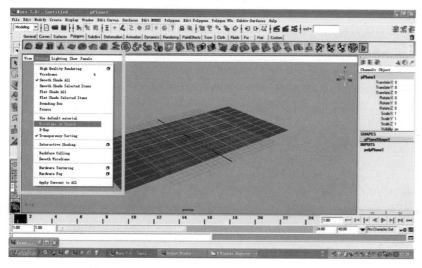

图 4.3　使用视图 Wireframe on Shaded 显示方式

4.2　创建 Y 工作平面和设置贴图尺寸参数

与上述方法类似，再创建一个 Y 工作平面，并选择旋转工具，其操作方法是：用鼠标选择旋转工具（如图 4.4(A)所示），并将创建的工作平面旋转 90°；然后，在如图 4.4(B)所示处直接输入有关 Side 图片的尺寸数据，这样做既快捷又精确。

提示：输入图片的尺寸大小是以像素为单位的，一定要同比缩小或放大，这样才可以保证制作精确和计算方便。由于在图片文件夹中已存放的图片尺寸为 72×377（像素），因此在如图 4.5 所示的参数设置处可直接输入宽为 72，长为 377，也可以进行同比缩小或放大操作。推荐使用同比缩小 10 倍的数值，输入的数据为宽为 7.2，长为 37.7。

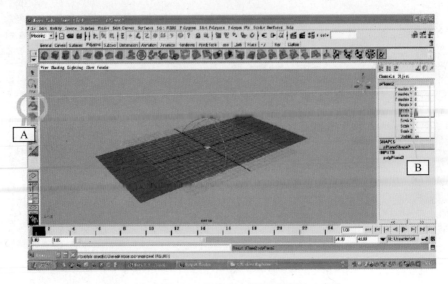

图 4.4   创建 Y 工作平面与设置贴图尺寸参数

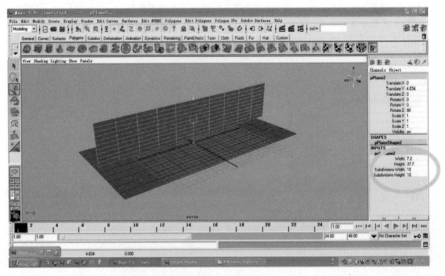

图 4.5   Y 平面的贴图尺寸参数选择和设置

4.3   设置控制输出平面的段参数

在设置过程中输入的长、宽分段参数值,是控制输出平面的分段的。在对有些球体、圆锥体、圆柱体、立方体等形体的建模过程中,有时经常会根据设计需要进行段数的调整,要记住在这里输入所需的数据。图 4.6 中将其分别设定为 10,即宽分为 10 段,长分为 10 段。因对放参照图片的分段数的选择要求不高,即选 10×10;如果要求较高时,可选较大一点的段数值。

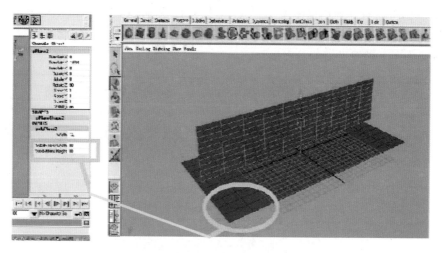

图 4.6　设置控制输出平面分段的参数

4.4　设置贴入视图的位置参数

首先,在工具栏选取移动工具(如图 4.7(A)所示);然后,利用该工具把准备贴入图片(side)的放入位置移动于 Y 平面板的如图 4.7 所示的 B 处(最左侧位置的最下端)。注意:将要粘贴图片的最左侧位置的最下端一定要与 Y 平面板的最左侧位置的最下端对齐。同时,在移动过程中要注意观察如图 4.7 所示的 C 处所出现的参数值也会随之变化,要记住最终确定的参数值。

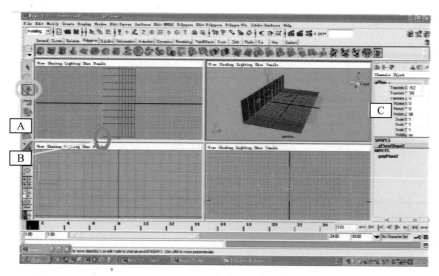

图 4.7　利用移动工具进行贴图的操作

另外一种贴图移动操作的技巧:如果你熟练了以上操作后,推荐采用如图 4.8 所示的直接输入移动参数值的方法,移动操作简捷,贴入视图的位置也更精确。由于 Maya 创建模型时的初始默认状态是处在中心位置(如图 4.7 所示),因此可直接输入移动的数值。假如要将18×36的平面对齐到侧视图Y方向上,可以在右侧通道栏中将Rotate Z设置为90,将Translate Y设置为9,然后将Translate X设置为适当值。这样就可以既精确又快捷地完成侧视图Y方向上贴图平面的对齐操作。

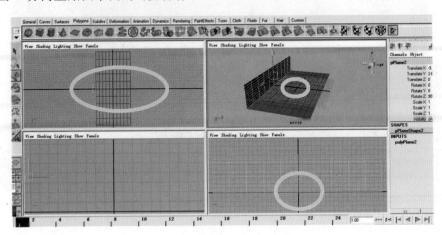

图4.8 三维视图平面的中心位置示意图

4.5 创建Z工作平面和设置贴图尺寸参数

采取如上同样的方法,也可再创建一个Polyplane平板(即Z工作面),其操作方法是:选用旋转工具(如图4.9(A)所示),直接输入有关旋转数据将其旋转(如图4.9(B)所示);也可直接输入有关高度和宽度等参数(如图4.9(C)、(D)所示)。注意:输入高度和宽度数值时,要严格按照放入图片时输入的数值等比缩放。其操作过程不再赘述,留给读者去思考。

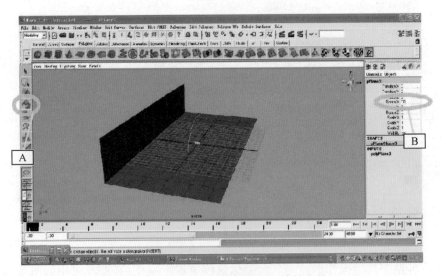

图4.9 创建Z工作平面与设置旋转参数

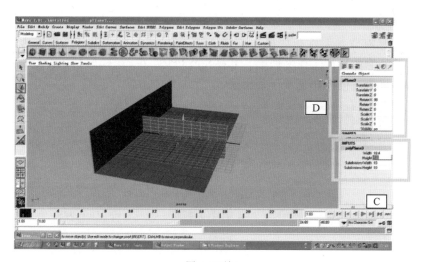

图 4.9(续)

4.6　完成三视图的对齐操作

参照图 4.10 所示的三个数值,将其视图移动到图中所示的位置。这个位置是下面平板的最顶端,左侧平板的最顶端,刚才建的平板的左侧和底端与之对齐。三视图的对齐工作完成后,接下来可以在里面放上贴图,制作时要注意三视图的对齐,注意要制作的精确。

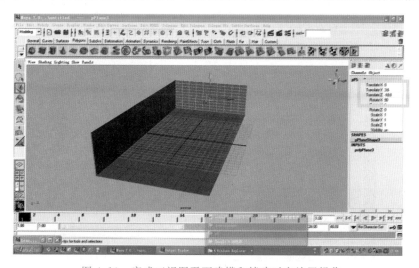

图 4.10　完成三视图平面建模和精确对齐放置操作

4.7　贴进三视图的操作

在完成三维建模和精确对齐后,接下来的工作就是完成贴进三视图的操作。为此,先讲一种浮动出操作菜单的技巧方法,再讲一点超级图渲染编辑器知识,为贴进三视图的操作提供良好的基础,以便加深对其操作过程的理解。

1. 一种浮动出操作菜单的技巧方法

Maya 软件具有非常人性化的操作功能设计,可根据需要和设计习惯将常用的命令菜单单独拉出,放到你的设计工作平面上。其操作技巧是:在如图 4.11 中 A 处所指的两个横线处单击鼠标,可随时把操作菜单浮动出来。

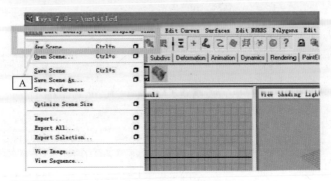

图 4.11 浮动出操作菜单的快捷方法

2. 超级图渲染编辑器

Hypershade 是 Maya 新版本的一个材质编辑工具,在渲染材质时会经常用到。依次选择 Window|Rendering Editors|Hypershade,即可进入超级图渲染编辑器的编辑操作界面,如图 4.12 所示。

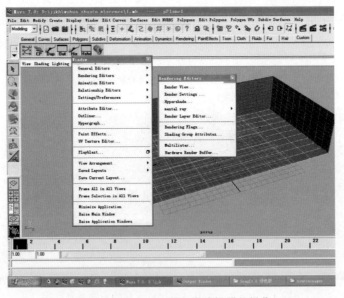

图 4.12 进入超级图渲染编辑器的操作

超级图渲染编辑器的操作界面如图 4.13 所示,会出现三种默认的材质。双击材质图标会出现可供选择的参数,通过参数设置也可创造出新的材质,保存后能作为新的材质使用。使用时它将会以材质图标的方式出现在材质选择屏幕区,以供选用。图中的主要材质说明如下:Blinn(参见图 4.13 中 A 处):金属材质;Lambert(参见图 4.13 中 B 处):最常用的默认材质,主要用于建造普通的物体,反射性一般;Phong(参见图 4.13 中 C 处):塑料材质;Phong E(参见图 4.13 中 D 处):塑料和玻璃材质。

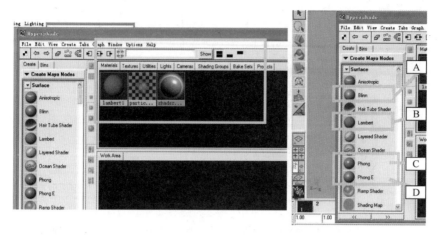

图 4.13 超级图渲染编辑器的操作界面

3. 三视图的贴进选取与设置方法

如图 4.14 所示,在弹出的 Hypershade 超级图渲染编辑器中单击左边的 Lambert,创建一个 Lambert 材质,即 Lambert2 材质。

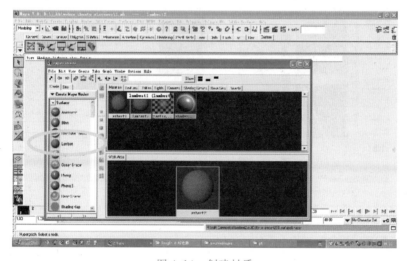

图 4.14 创建材质

在 Hypershade 超级图渲染编辑器中双击刚才创建的 Lambert2 材质图标,如图 4.15(A)所示,此时右侧出现可以选择的参数,参见图 4.15(B)。

单击颜色后方的方框(如图 4.16(A)所示)弹出节点对话框,选中 As projection 单选按钮,选择投影影射贴图功能,单击 File(如图 4.16(C)所示),选取文件节点,单击 Lambert2 节点,单击图标▣(如图 4.16(B)所示)将 Lambert2 节点展开,如图 4.17 所示,全部完成投影影射贴图的设置选择工作。

4. 贴进的三视图文件和模式

选中 File 图标,在弹出的对话框中找到需要贴进的视图文件,如图 4.18 所示。(注意:最好开始的时候就将需要用的贴图放入到建立的工程文件夹里面的 Sourceimages 文件夹里,这样便于查找和管理放置贴图的图片。)

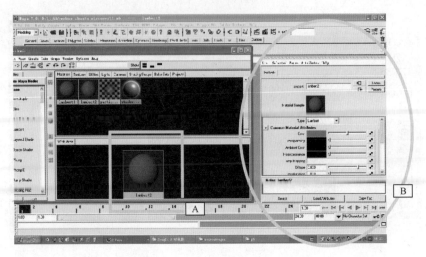

图 4.15　Lambert 材质的属性栏参数

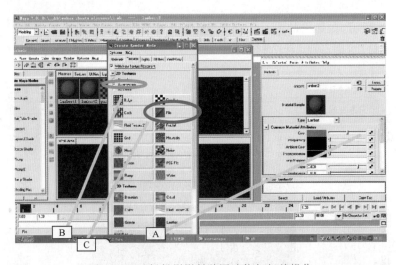

图 4.16　选择投影影射贴图功能与相关操作

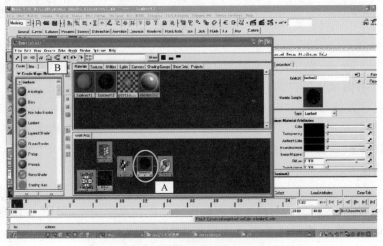

图 4.17　完成投影影射贴图的选择设置

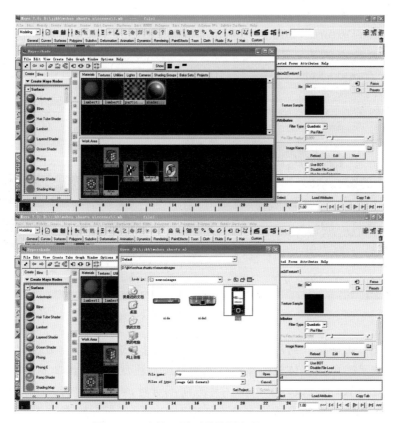

图 4.18 选择 X 平面的贴图文件 Top.jpg

将选定的材质附着于物体。选择平面,在材质编辑窗口中将鼠标放于节点关系图的 Lambert2 上,如图 4.19 所示,右击鼠标,选择 Assgin Material To Selection 命令,将所选的材质附着到目标平面上。

图 4.19 将材质图形渲染附着于机体的操作

5. 调整贴进视图图片的大小与方位

双击 place 3dTexture1，如图 4.20 所示准备调整贴图的方向和尺寸。

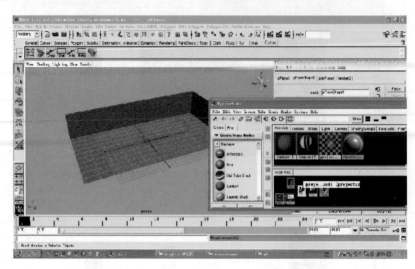

图 4.20   选择贴图文件与模式的操作

为将视图图片准确贴入到建模设定的位置，需要对其进行大小与方位的调整。操作方法是：按键盘数字键 6，使立体视图显示灯光和贴图。注意：按键盘 2 显示的是粗模型，此时无法观察贴图位置；如果发现贴入的图片方向不对时，需要先进行一下方向的调整。例如，在贴进图片 Top.jpg 的参数选择框（如图 4.21（A）所示）中，输入旋转方向 90°后按 Enter 键，此时，输入的 90 表示的是在 X 轴方向上旋转 90°。如将方向转过来，发现尺寸大小不一致，可以单击 Fit to group box（如图 4.22（A）所示），可以看到图片的大小和方向完全一致，表明已精确放入。

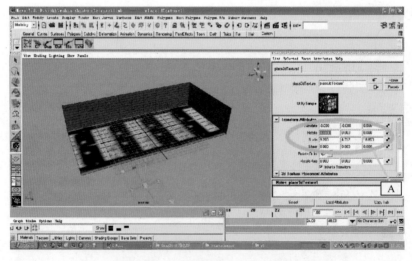

图 4.21   贴入的图片方向位置调整

继续调整贴图的方向，使之方向正确，在旋转参数对话框的这个位置（如图 4.23（A）所示）输入 90 后按 Enter 键，此时，输入的 90 表示在 Y 轴方向上旋转 90°。可以看到，手机顶

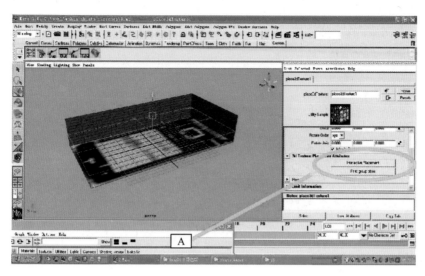

图 4.22　贴入的图片大小尺寸调整

部贴图已经精确地放入平面中。

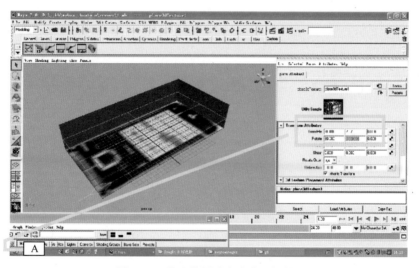

图 4.23　贴入的图片方向位置调整

提示：采取上述同样的贴图操作步骤和方法，相信你完全可以将另外两个方向的视图图片准确地贴入到 Y、Z 工作平面的位置上。因此，将视图的贴入操作留给你自己去完成。

6. 完成三维建模与贴进案例视图的效果展现

为观察三维建模与案例视图的贴进效果，单击三维显示图标，可展现出三维建模后案例视图的贴进效果（如图 4.24 所示）。为更加便于以后的设计操作，例如，方向位置、尺寸大小调整或图形编辑等，可通过方位的旋转参数设置操作，得到更方便设计与观察的三视图。

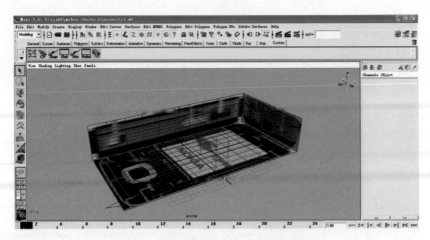

图 4.24 完成案例图片贴入的三视图显示

第5章 图层创建和填入内容显示

在对较复杂的目标对象进行设计的过程中,经常要创建多个图层和锁定某个或一些图层,以便于设计操作,同时也会减少对目标对象产生的视觉干扰,本章主要对图层的创建、填入内容与显示切换等操作步骤进行较详细的介绍,这些是进行三维设计必不可少的过程,对初学者而言也是难以理解和易于忽略的关键步骤。

5.1 调出图层板创建新图层

关于图层的概念,为易于理解可简单地说:图层就是为设计而设定的某个或一些工作面,只不过它是在前面提到的主工作面下建立的工作层。

创建一个新的工作图层的步骤如下:首先单击如图 5.1 所示 A 处的某一图标,调出图层板;然后,单击如图 5.1 所示 B 处的图标,将要创建的图层面板调出来;最后,单击如图 5.1 所示 C 处的图标,会出现提示:Create a new layer。

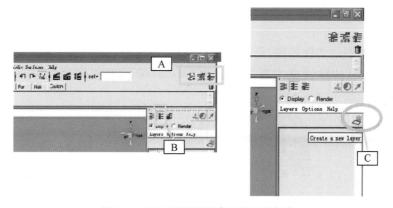

图 5.1　调出图层板创建新图层的操作

5.2 将物体放入图层的操作方法

创建后的新图层是空的,可以在其中放入选中对象,这些被放入图层中的对象可以后被调出进行编辑和操作。如果要对新图层填入内容,首先要选取要填入的目标对象,例如,可按住鼠标左键框选视图中的所有对象或部分目标对象,也可以在单击视图后用快捷键 Ctrl+A 进行全选。然后进行以下操作:在选中需要放入图层中的目标对象之后,将鼠标移动到 Layer1 图层上(如图 5.2(A)所示),右击 Layer1 并按住,将光标移动到出现的选项框中选取 Add Selected Objects 选项(如图 5.2(B)所示),然后松开鼠标右键,即完成对新图层添加目标对象的工作。

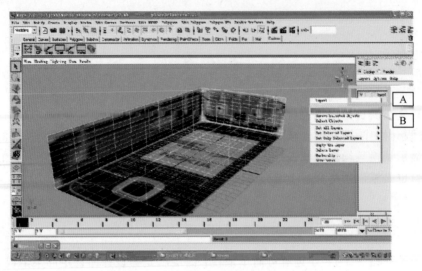

图 5.2 对新图层添加目标对象的操作

提示：设计过程中上述操作方法将会经常用到，一定要熟练掌握。

5.3 更改图层名称和控制图层中物体显示的操作方法

如果需要更改图层文件名称，可双击图层图标，进行更名后保存，操作步骤如下：双击 Layer1 图层，在弹出的对话框中将其改名为 sst（sst 表示三视图的缩写，便于查看），如图 5.3（A）所示。

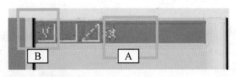

图 5.3 更改新图层名称和控制图层中物体显示的操作方法

如果需要控制图层的显示与隐藏，可以单击如图 5.3 所示 B 处，当 V 出现时，sst 图层中的物体可以在视图中显示；当 V 不出现时，sst 图层中的物体可以在视图中隐藏。

5.4 图层视图显示功能选择与切换

控制图层视图的显示与切换是经常使用的一种操作，操作步骤如下：在图层显示框中单击如图 5.4 所示 A 处，当出现 V 时，可以将显示功能 V（字）删除，即图层所包含的物体在

图 5.4 图层视图显示与切换操作

视图里将无法显示,完成显示状态的切换;反之亦然,同样也可再设置为显示状态。另外,控制图层中目标物体的方法还有两种:

(1)如图5.5左图所示,在图层面板中,单击中间方框可以出现字母 R。字母 R 表示此图层里的对象物体不可编辑但是可以在渲染的时候渲染出来。字母 R 出现后,如图5.5右图所示,图层中的物体在视图中显示时外边框的色泽变深。此时无法选择图层中的物体,图层中的物体相当于被锁定的效果,非常有利于复杂对象的编辑操作。字母 R 出现之后,这个图层的物体在视图中观察时,物体也可以显示出贴的图、赋予的材质和打的光影,如图5.5右图所示。

 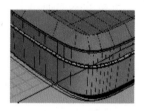

图5.5　控制图层显示和图层中物体的方法

(2)同样,在图层显示选项框中,单击如图5.6左图所示中间方框区域,可以出现 T 选项,T 表示图层中的对象不可编辑,无法选中,和之前的 R 一样,也是相当于将这个图层中的物体锁定。这个图层中包含的物体可以显示出其线框图,但这些物体渲染不出来。在显示视图时图层中包含的目标对象为灰色线框(如图5.6右图所示)。

图5.6　选择线框显示功能将显示图层目标的线框图

第6章 屏面曲线制作和上滑盖曲面制作

自本章开始,将着手进行与手机有关部件的设计制作工作。本章介绍多种曲线的类型与特性,掌握选用曲线工具进行曲线绘制的操作方法,尤其是应用 CV 曲线工具的制作方法。在此基础上完成在三维建模中的手机顶面曲线的镜像复制操作过程。通过制作过程的实践,进一步学会有关 Maya 主要命令的使用方法和操作技巧,为后续自主设计奠定一个良好的基础。

6.1   选取制作曲线工具

调出参考放入手机精确三视图的 sst 图层(如图 6.1(A)所示),方便在绘制曲线时精确对照;进入 Modeling 模式(如图 6.1(B)所示);选择制作 CV 曲线工具 Create|CV Curve Tool(如图 6.1(C)所示)。

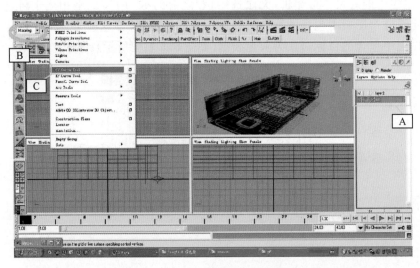

图 6.1   选取 CV 曲线工具操作

6.2   绘制 CV 曲线

确保三视图图层是显示状态(即显示出手机顶面的图层,如图 6.2(A)所示)精确地绘制 CV 曲线的方法是:对照后方的手机顶面参考图,精确地沿手机最外的屏面绘制外围轮廓曲线。注意,绘制右侧一半的外围轮廓曲线就可以,之后镜像复制出另一半曲线。绘制后显示出的曲线如图 6.2 所示。注意:在创建模型时,绘制 CV 曲线是经常要使用的重要操作步骤之一,需多加练习才能掌握。

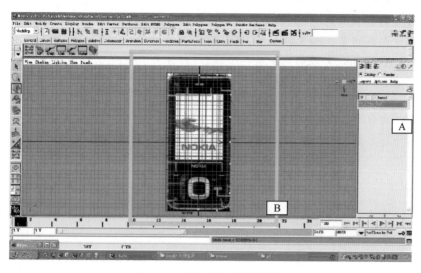

图 6.2 绘制最外围轮廓曲线

6.3 镜像复制绘制的曲线

首先要选中刚绘制出的一条 CV 曲线,再进行编辑与复制操作,操作步骤如下:选择 Edit|
Duplicate 命令后面的方框,弹出复制对象参数设置框,在其中设置 Scale 参数,输入 X 方向标
度值"-1",即可镜像复制出另一条 CV 曲线。单击 Duplicate 执行操作,如图 6.3 所示。

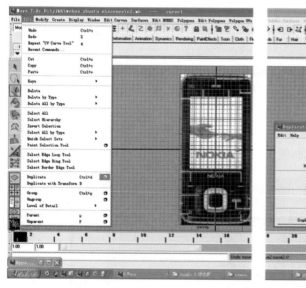
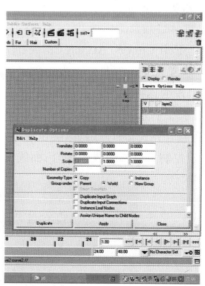

图 6.3 复制绘制曲线的操作

补充知识:在出现的如图 6.4 所示的复制对象参数选择框中,Scale 后面的三个方框
表示可以控制的 X 轴、Y 轴、Z 轴三个不同的方向。X 轴方框中+1 表示同方向没有变化的
复制;-1 表示曲线在 X 轴相反的方向的复制。如需要将曲线在 Y 轴方向镜像,可以将

scale后Y方框的数值改为—1。根据具体需要进行设置。提醒：要不断在实践中仔细揣摩运用，不要把方向搞错了。如果搞错了，可以按键盘Z键撤销以前的操作后再重做。记住：按键盘Z键是撤销操作，可以回到之前一步操作，按键盘Shift＋Z键是取消撤销操作。

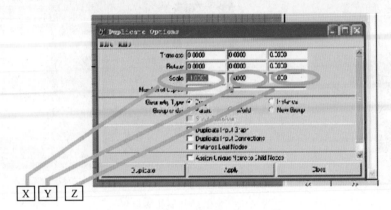

图6.4　复制对象的参数设置对话框

6.4　连接两条CV曲线的操作

1.选定连接对象目标

全选需要连接的两条CV曲线，其方法是：单击一条曲线，按住键盘上的Shift键的同时，再单击另一条曲线。

2.连接曲线命令

单击Edit Curves|Attach Curves后面的方形。

3.确定曲线连接方式和相关参数

在出现的连接曲线参数设置框中，选择连接方式为Connect和Keep后，单击Attach按钮（如图6.5所示）。注意：在对话框中有两种连接方式供选择：Connect为连接方式；Blend为融合方式。如选后者，会出现Blend Bias调整参数输入框；输入的值是曲线偏斜值，主要用于控制与调整曲线的融合；曲线变成绿色时，表示两条曲线已成功连接为一条曲线。

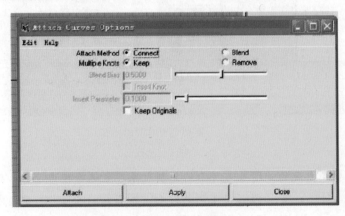

图6.5　曲线的连接方式选择

6.5　闭合曲线命令操作

单击上一节连接之后的曲线,选择 Edit Curves|Open/Close Curve Options 命令后面的方框,弹出如图 6.6 所示的参数设置对话框。其中有三种选项供选择：Blend 为连接时会自动地圆滑曲线；Ignore 为忽略连接；Preserve 是按照现有状态连接,该选项能比较直接地在视图上显示出闭合曲线的连接情况,不太圆滑,看起来比较生硬。这三种不同的参数设定方法比较重要,需要在练习中不断加以理解和掌握。在本操作中选择 Preserve 选项,再单击 Open/Close 按钮,即可完成曲线的闭合。

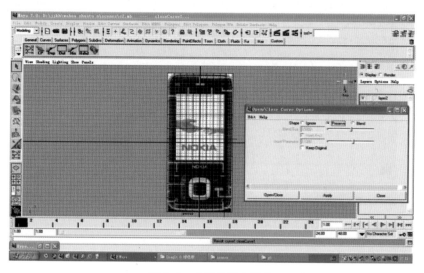

图 6.6　曲线的闭合操作

提示：执行连接曲线命令之后常会用到闭合曲线命令。将两条曲线连接为一体的操作过程和闭合曲线命令操作都很重要,且在设计中使用频率极高,一定要不断实践,熟练掌握。

补充知识：闭合曲线命令操作的三种参数设置如图 6.7 所示。

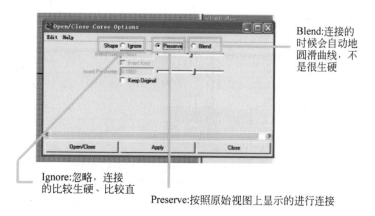

Blend:连接的时候会自动地圆滑曲线,不是很生硬

Ignore:忽略,连接的比较生硬、比较直

Preserve:按照原始视图上显示的进行连接

图 6.7　闭合曲线命令操作的参数

6.6 调节曲线的形状

在闭合曲线之后,参照手机顶部的三视图,将曲线的形状调整得更为精确些。可以通过调整控制 CV 曲线形状的节点来改变曲线的形状。如图 6.8 所示,单击 A 处,再单击 B 处,此时进入了曲线点的编辑模式。参照三视图选择曲线点,选择移动工具调整曲线点的位置,将形状调得更为准确。直接按 F8 键也可以进入点的模式。

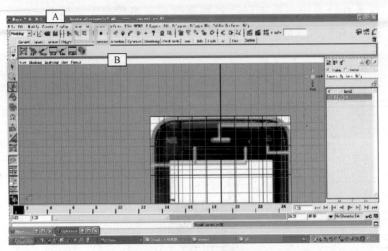

图 6.8 进入曲线点的模式调节曲线形状

6.7 删除对象历史记录

要养成适时删除历史记录的习惯,因为有时如果不删除对象的历史记录,在编辑对象如移动对象时会出现很多错误。在将曲线图形结合和封口之后一般要将曲线的历史记录删除掉。如图 6.9 所示,选择 Edit|Delete by Type|History 命令,即可删除对象历史记录。

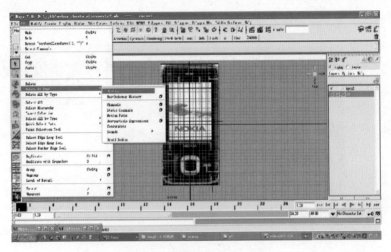

图 6.9 删除对象历史记录

6.8　自定义创建常用命令操作快捷键

小技巧：在 Custom 工具架中可以创建保存常用的快捷工具，而且可以使用有自己特色分布的工具架。有时常用的菜单可以放到这里直接点击进行使用，非常的快捷和人性化。具体操作可参考本书前面基础知识介绍中的个性化制定工具架。

切换到刚刚自定义过的工具架，按住 Shift＋Ctrl 键单击鼠标，选择需要的菜单工具便可以将选中工具放入自定义的工具架中。

但要说明的是，此时创建的快捷图标的参数设定是遵照此时菜单工具的参数设定。

具体操作是：如图 6.10 所示，单击 A 处调出 Custom 选项。Custom 选项里面可以放入常用的快捷方式启动快捷命令，注意，此时按钮上显示的文字是当时设定的参数选项。

图 6.10　自定义快捷键

如图 6.10 所示 B 处是刚才创建的复制对象操作命令的快捷按钮，上面显示的是最常用的原始默认设定的复制对象参数。也可以自己创建一个快捷按钮，将当前操作设定成按 X 轴镜像的复制图像操作，在使用时，单击这个快捷按钮，就会执行按 X 轴镜像复制操作。

6.9　制作上部滑盖黑色塑料下部曲线

如图 6.11 所示，将曲线参照三视图所示向上移动，可以按键盘的 W 键进行向上移动操作。将这条曲线放于黑色的滑盖下部。用来制作上部滑盖黑色塑料部分的下部曲线。

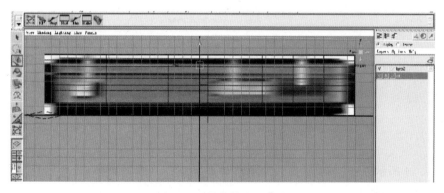

图 6.11　将曲线向上移动

复制这条曲线,选中这条曲线之后单击 Edit|Duplicate 右边的方形,确保里面的参数是默认设定,如图 6.12 所示,因为刚才进行过镜像复制操作,所以需要将参数重新进行设置,现在需要复制一条和这条曲线一样的曲线,所以将 Translate 和 Radius(距离和角度)都设定成 0,Scale(缩放)设为 1,还原为默认参数设置。选择 Copy 单选按钮,Copy 表示和原物体属性一样。Copy 是默认的选项。Instance 表示和原物体相关联,也就是原物体某些属性改变则复制的那个物体的某些属性也同时改变。

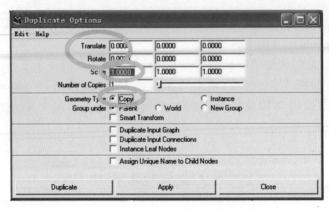

图 6.12　复制对象参数设置框

补充知识:将命令参数选项恢复成默认设定。

如图 6.13 所示,可以在这里将参数恢复成默认设定,单击 A 处然后选择恢复默认设定。

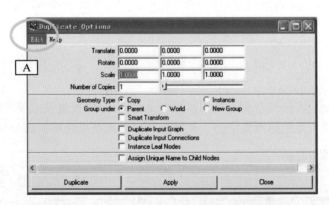

图 6.13　将参数恢复成默认设定

6.10　制作上部滑盖黑色塑料上部曲线

如图 6.14 所示,将复制出的曲线向上移动并且缩放到合适大小,参照三视图将曲线放在上部滑盖黑色塑料上部。

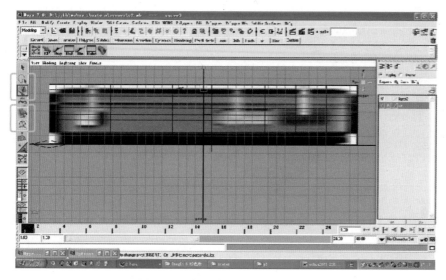

图 6.14　向上移动并且缩放尺寸

6.11　Loft 放样命令制作上滑盖塑料曲面

将前面完成的两个复制之后的曲线放置到适当位置,在三视图中调整精确,如图 6.15 所示。

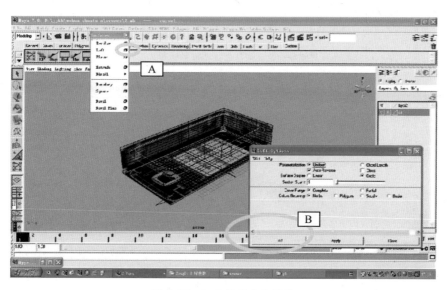

图 6.15　Loft 放样命令操作

按顺序从上到下选择曲线,先选择上面曲线然后按 Shift 键同时选择下面的曲线,此时将两条曲线都选中,如图 6.15 所示。单击 Surfaces|Loft 后面的方形,如图 6.15(A)所示,在弹出的对话框中按照图中参数进行设置,然后单击 Loft 按钮,如图 6.15(B)所示。

单击 Loft 按钮之后上滑盖塑料曲面就制作出来了,如图 6.16 所示。

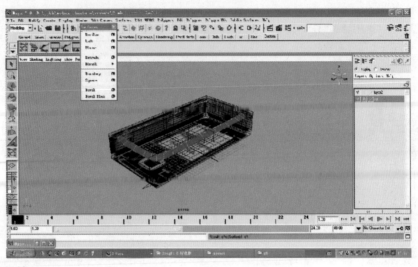

图 6.16 Loft 后产生的曲面

6.12 用相交曲面操作命令制作上滑盖顶部

选择 Surfaces(如图 6.17(A)所示),创建 NURBS 曲面。选择平板(如图 6.17(B)所示),创建 NURBS 平板 nurbsPlane1。

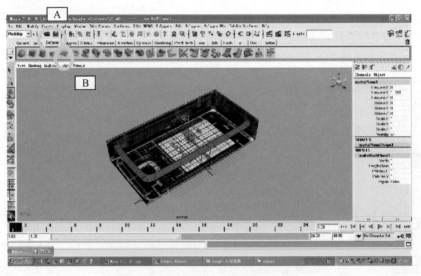

图 6.17 创建 nurbsPlane1

选择平面,单击放大伸缩按钮(如图 6.18(A)所示)进行缩放。在如图 6.18 所示 B 处设置参数:将 Width(宽度)设定为 16,增宽一下;将 Length Ratio 设定为 3,同比增大一下;将 Patches U 设定为 16,表示在 X 轴水平方向将图形分成 16 个区域;将 Patches V 设定为 26,表示在 Y 轴竖直方向将图形分成 26 个区域。

用缩放工具将宽度拉长,超出下方的刚制作的 loft 图形,如图 6.19 所示。

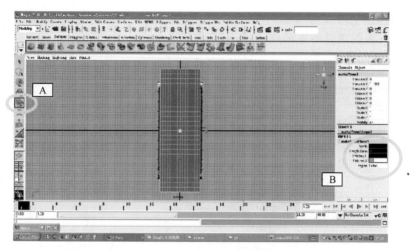

图 6.18　调整曲面尺寸,输入段数

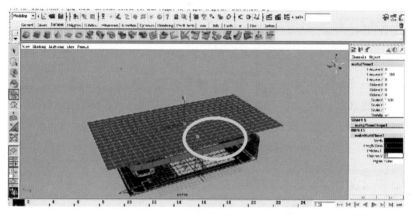

图 6.19　缩放到合适尺寸

将高度位置沿 Y 轴方向进行移动,移动到 nurbsPlane1 中。对照后面放置的贴图的三视图放到合适位置用来制作电话的顶部平面。需要精确对齐。如图 6.20 所示,具体精确移

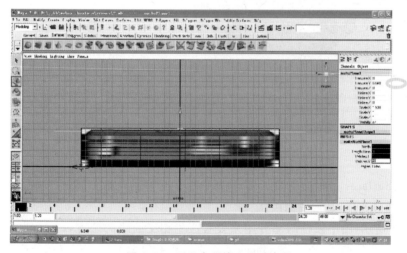

图 6.20　可以参照输入移动参数

动位置可以参照移动的 Y 轴参数。

参照 Persp 视图观看一下最终放置位置，如图 6.21 所示。

图 6.21　将平面移到与 Loft 曲面相交的合适位置

执行 Intersect Surfaces 相交曲面命令。选择平面，按住 Shift 键不放，选择 Loft 曲面，确保平面和 Loft 曲面都同时选中。如图 6.22 所示，单击 Edit NURBS|Intersect Surfaces 后面的方形，进行参数设置，选择 Both Surfaces 单选按钮，Curve Type 选择 Curve On Surface 单选按钮，单击 Intersect 按钮。

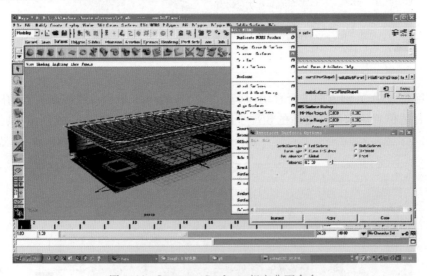

图 6.22　Intersect Surfaces 相交曲面命令

Intersect Surfaces 是相交图像工具，选择两个相交物体在相交部分产生曲线，主要是用来配合 Trim 做打孔用，是常用命令。

如图 6.23 所示，图中画框的部分用来设置产生相交曲线的位置，First Surface 表示在先选择的物体上产生曲线，Both Surfaces 表示在两个对象上都产生相交部分产生的曲线。

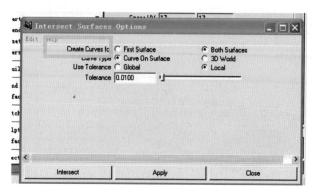

图 6.23 Intersect Surfaces 参数设置

6.13 Trim 命令裁剪出上滑盖顶部曲面

Trim Tool 俗称 Trim，也常被称做打孔工具，是常用的命令工具，在创建 Nurbs 模型时用得较多。

如图 6.24 所示，选择执行过相交曲面命令后的 nurbsPlane1 平面，单击 Edit NURBS|Trim Tool 命令之后图形变成透明形状。

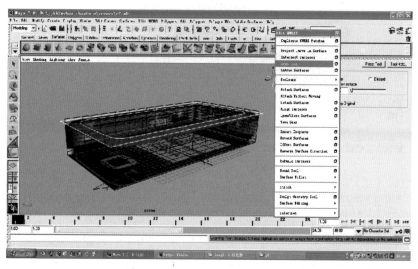

图 6.24 Trim Tool 命令

如图 6.25 所示，单击方框框住的区域，此时出现一个方形，这个方形所在区域是留下来的区域。

如图 6.26 所示，按 Enter 键此时平板图形变成了图中所示的图形。

如图 6.27 所示，选择侧面的物体，单击 A 处之后进行打孔操作，选择 Edit NURBS|Trim Tool 命令，再单击如图 6.27 所示 B 处区域，最后按 Enter 键，此时手机顶部的制作初步完成（如图 6.28 所示）。

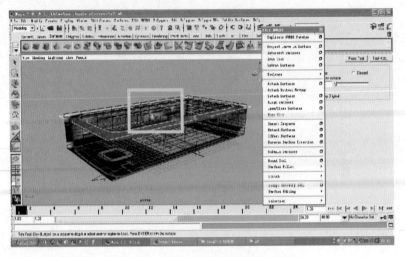

图 6.25　方形所在区域表示留下区域

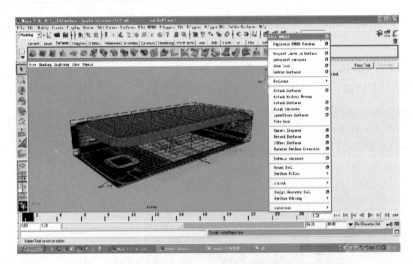

图 6.26　修剪之后曲面

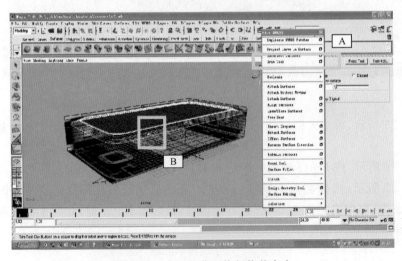

图 6.27　对 Loft 曲面执行修剪命令

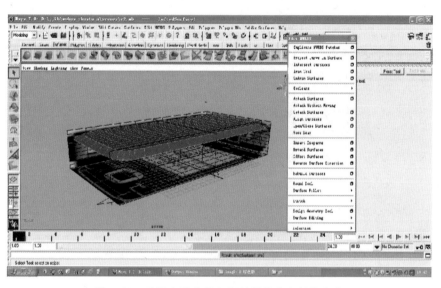

图 6.28　手机上滑盖黑色塑料部分基本制作完成

6.14　选择曲面上的 Isopram 线的方法

将鼠标放在上滑盖黑色塑料 Loft 曲面上，按住鼠标右键不放，此时弹出对话框。继续按住鼠标右键不放，将鼠标箭头放在 Isopram 上，变成蓝色后松开鼠标，此时 loft 曲面进入 Iso 线模式。如图 6.29 所示。

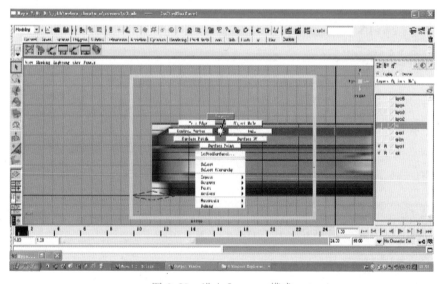

图 6.29　进入 Isopram 模式

Loft 曲面进入 Iso 线模式，选择 loft 曲面最下面的一条线，此时这条线呈黄色，如图 6.30 所示。

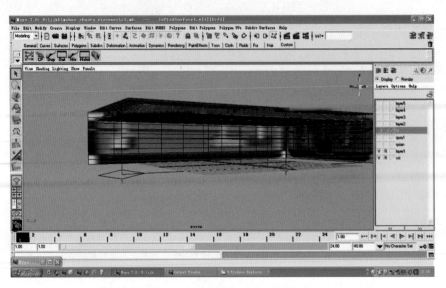

图 6.30　选择的 Iso 线呈黄色

6.15　复制曲面上的曲线命令

Duplicate Surface Curves(复制曲面上的曲线)命令用来将曲面上选中的曲线复制出来。选择 Edit Curves＞Duplicate Surface Curves 命令,将这条 Iso 线复制出来,使这条 Iso 线成为一条单独的曲线。如图 6.31 所示。

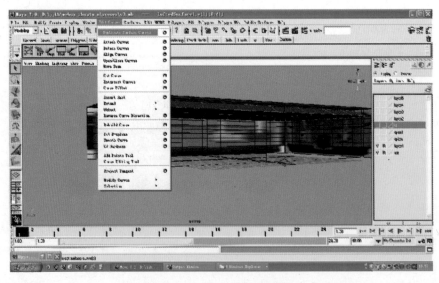

图 6.31　Duplicate Surface Curves 命令

单击 Duplicate Surface Curves 命令后方的方块可以弹出参数设置框,可以参考图 6.32 进行参数设置。

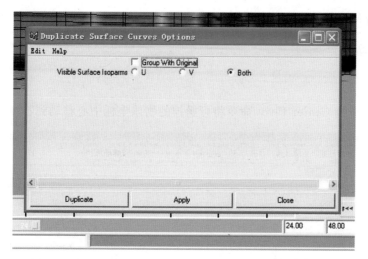

图 6.32　Duplicate Surface Curves 命令参数设置框中的参数

6.16　移动对象的中心点

Maya 创建出来的图形默认情况下中心点是在坐标轴（0,0,0）的位置，也就是 X＝0、Y＝0、Z＝0 的位置，如图 6.33 所示 A 处。有时为了方便控制对象，需要移动物体对象坐标中心，操作方法是：按 Insert 键之后选择移动工具（快捷键 W）移动对象的中心点，将中心点移动之后再按 Insert 键返回物体模式；也可以用命令直接将中心移动到物体的中心，选中物体，选择 Modify|Center Pivot 命令。

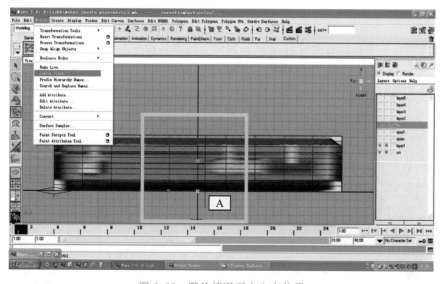

图 6.33　默认情况下中心点位置

建议将 Center Pivot 命令创建到快捷菜单中，如图 6.34 所示，这样便于以后的操作使用，方法参见 6.8 节。

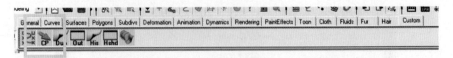

图 6.34　将 Center Pivot 创建到快捷菜单中

图 6.35 是选择 Center Pivot 命令将可操控的物体坐标中心移动到物体中心后的图。

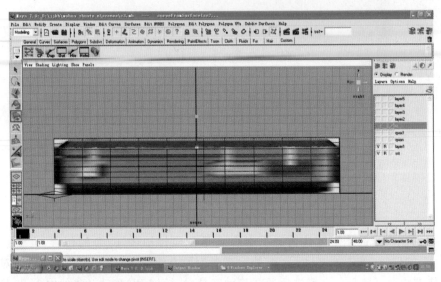

图 6.35　中心点已移动到对象的中心

6.17　制作手机上滑盖银色侧面金属曲面

将这条移动了中心点的曲线沿 Y 轴方向向上稍微移动一点距离,如图 6.36 所示。

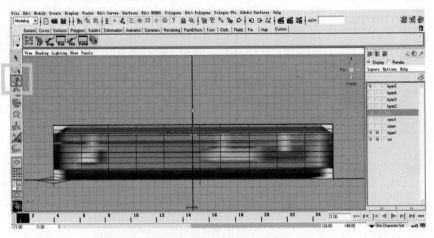

图 6.36　选择移动工具将曲线移动

选择 Edit|Duplicate 命令复制这条曲线。

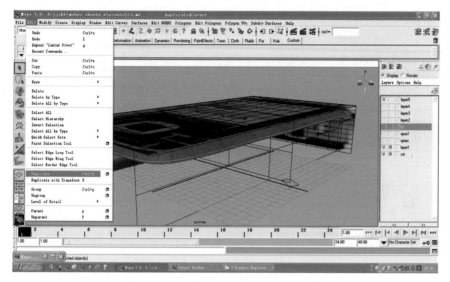

图 6.37 选择 Duplicate 命令复制曲线

复制这条曲线时,如果复制出的曲线形状不正确,可以单击 Duplicate 命令后面的方形进行参数设定。可以参考图 6.38 进行参数设置。建议将 Duplicate 命令创建到快捷菜单中。

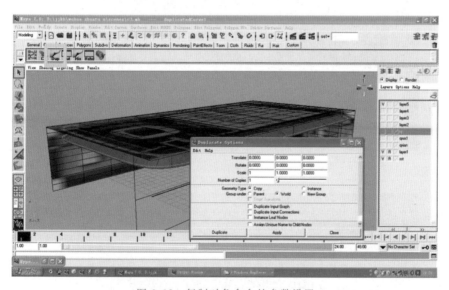

图 6.38 复制对象命令的参数设置

参照三视图,将这条复制出来的曲线沿 Y 轴方向向下移动到合适的位置,如图 6.39 所示。

单击上方曲线后,按住 Shift 键不放,再单击下方的曲线,此时两条曲线都被选中,如图 6.40 所示。选择 Surfaces|Loft 命令进行放样操作,创造出一个曲面。

操作后生成一个新的 Nurbs 曲面,如图 6.41 所示。

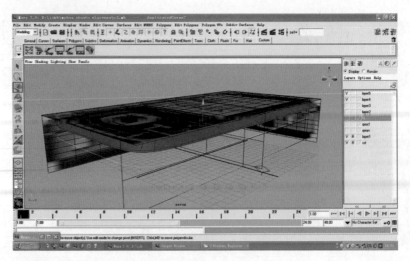

图 6.39　将复制出的曲线移动到合适位置

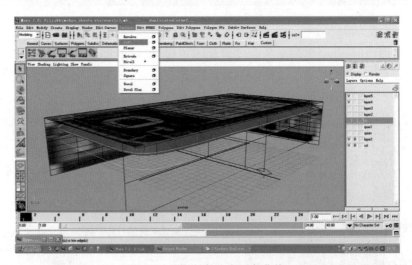

图 6.40　按顺序选中两条曲线

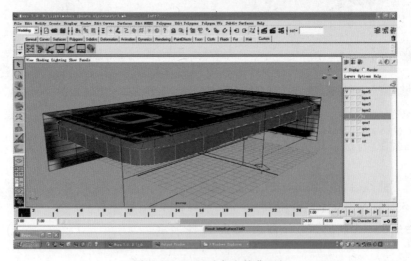

图 6.41　Loft 后产生的曲面

6.18　Circular Fillet 操作命令

选择 Create|NURBS Primitives|Plane 命令,创建一个 nurbsPlane 平面,参照后面的三视图,精确移动上滑盖银色金属曲面上部到合适位置。将这个平面移动到合适位置,为的是制作上滑盖银质边框的导角曲面,位置如图 6.42 所示。准备用 Circular Fillet 命令制作手机上滑盖银色金属边。

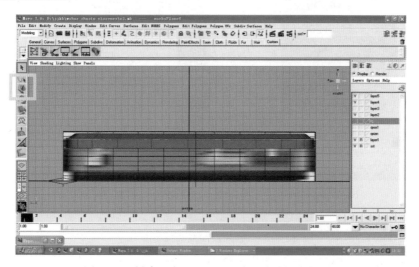

图 6.42　创建一个 Plane 平面并且移动缩放位置

使用圆滑导角工具(Circular Fillet)进行 Nurbs 导角操作,在确保 Plane 平面和银色金属 Loft 曲面相交的前提下,先选中 nurbsPlane 平面,如图 6.43 所示。

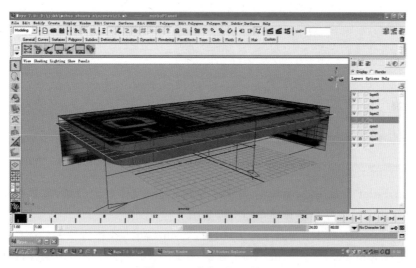

图 6.43　选中 Plane 平面

按住 Shift 键的同时单击侧面金属 Loft 曲面,此时两个曲面都被选中。如图 6.44 所示,单击 Edit NURBS|Surface Filet 命令后面的方形,在弹出的参数设置对话框中进行参数

设置：如图 6.45 所示，选择 Reverse Secondary Surface Normal 复选框，将 Radius 设定为 0.0334，选择 Local 单选按钮，单击 Apply 按钮。单击之后生成了一个有圆弧度的导角 Nurbs 曲面。

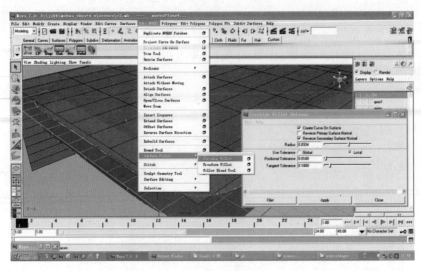

图 6.44　用 Circular Fillet 命令生成圆滑导角曲面

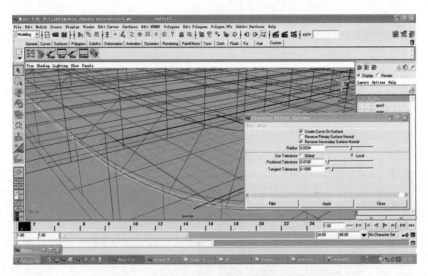

图 6.45　白色区域为生成的圆滑导角曲面

　　Circular Fillet 是常用的、重要的 Nurbs 导角工具，操作上比较难，需要熟练掌握。在操作中要注意曲面的选择顺序和导角圆滑度数值。

　　下面配合 Circular Fillet 曲面导角工具进行 Trim 操作，操作方法是：选择侧面的银色 Loft 曲面，选择 Edit NURBS|Trim Tool 命令，如图 6.46 所示，在出现的线框图中单击曲面需要留下来的部分，之后按 Enter 键，侧面的曲面修剪完毕，如图 6.47 所示。

　　选择 Plane 平面，选择 Edit NURBS|Trim Tool 命令，对平面进行修剪操作，如图 6.48 所示。

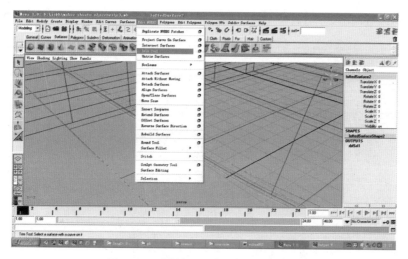

图 6.46　选择侧面 Loft 曲面进行修剪

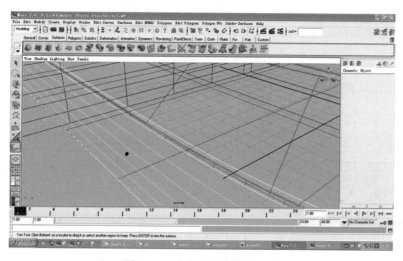

图 6.47　白色区域为保留区域

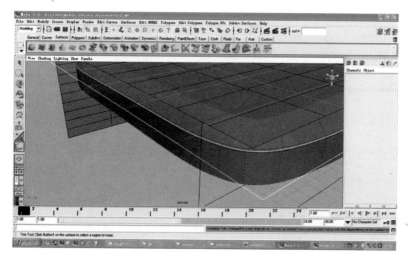

图 6.48　对 Plane 平面进行 Trim 操作

单击需要保留的部分,然后按 Enter 键,如图 6.49 所示。

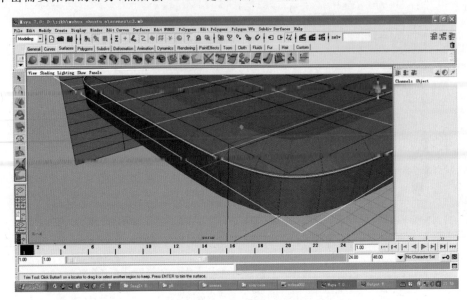

图 6.49　黄点区域为保留区域

选择侧面 Loft 曲面,按 Delete 键将此曲面删除,如图 6.50 所示。

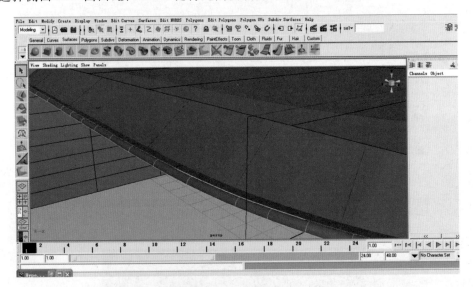

图 6.50　平面修剪完成

补充知识:Circular Fillet 的参数设置如图 6.51 所示。相交曲面的导角方式如图 6.52 所示。

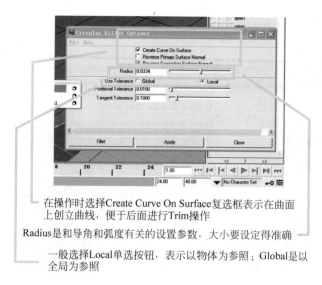

在操作时选择Create Curve On Surface复选框表示在曲面上创立曲线，便于后面进行Trim操作

Radius是和导角和弧度有关的设置参数，大小要设定得准确

一般选择Local单选按钮，表示以物体为参照；Global是以全局为参照

图 6.51　Circular Fillet 的参数设置对话框

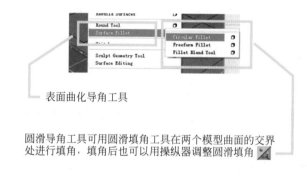

表面曲化导角工具

圆滑导角工具可用圆滑填角工具在两个模型曲面的交界处进行填角，填角后也可以用操纵器调整圆滑填角

图 6.52　相交曲面的导角方式

6.19　制作手机的银色金属材质侧面曲面

将鼠标放在前面创建的上滑盖银边导角曲面上，按住鼠标右键不放，在弹出的菜单中选择 Iso 线，此时曲面进入 Isopram 线模式，选择导角曲面上最下部的 Iso 线，选中之后呈现黄色，如图 6.53 所示。

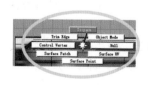

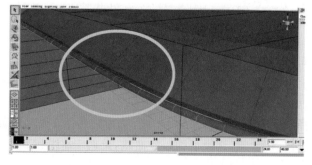

图 6.53　选中的 Iso 线呈现黄色

选择 Edit Curvus|Duplicate Surface Curves 命令,将这条选中的 Iso 线从曲面上复制出来,如图 6.54 所示。

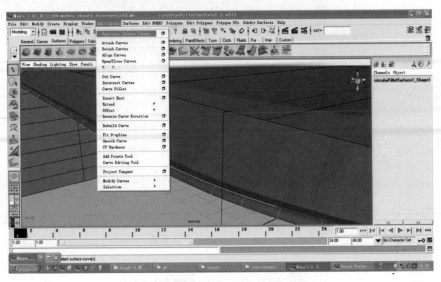

图 6.54　执行复制曲面曲线命令

参照三视图,将这条复制出的曲线向下移动到银色外围曲面稍下方的位置,再对这条曲线进行缩放操作,具体参数设置如图 6.55 所示。

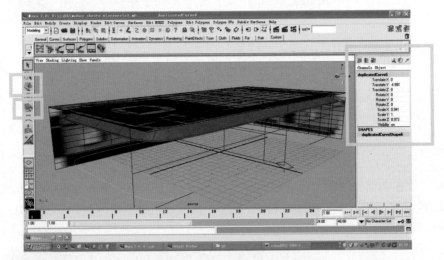

图 6.55　对复制出的曲线进行移动和缩放操作

下面对侧面银色曲面进行 Loft 放样操作,操作方法是:将鼠标放在需要选择的银边导角曲面上,按住鼠标右键不放,出现参数设置对话框,选择 Isoparm 选项,曲面进入 Isopram 线模式,如图 6.56 所示。

选择导角曲面上最下部的 Iso 线,选中之后 Iso 线呈现黄色,如图 6.57 所示。

再按住 Shift 键,选择下面一条曲线,此时 Iso 线和下方曲线都被选中,如图 6.58 所示。选择 Surface|Loft 命令。

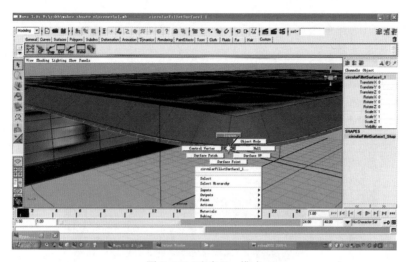

图 6.56 选中 Iso 模式

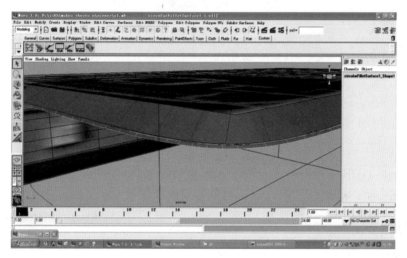

图 6.57 选中 Iso 线

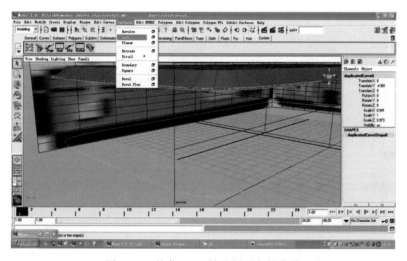

图 6.58 按住 Shift 键选择下方的曲线

补充知识：Loft 命令的执行和选择曲线的顺序有关系，在选择三条或者三条以上曲线时应按顺序依次选择。

此时 Loft 曲面生成，如图 6.59 所示。

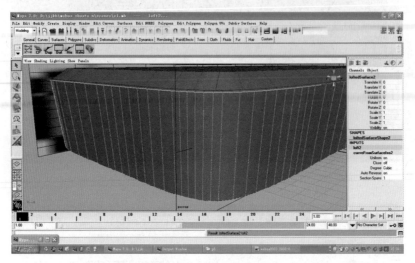

图 6.59　Loft 曲面生成

6.20　制作手机上滑盖的下部曲面

选择 Create|NURBS Primitives|Plane 命令，创建一个 Plane 平面，或者单击如图 6.60 所示 A 处图标创建一个 NURBS 平面 Plane。具体参数设置如下：将 Width 设置为 25，将 Length Ratio 设置为 2，将 Patches U 设置为 32，将 Patches V 设置为 33，如图 6.60(B)所示。

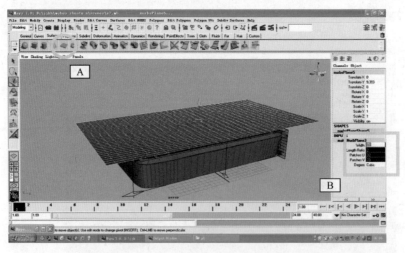

图 6.60　创建平面并且设定参数

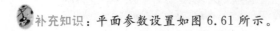补充知识：平面参数设置如图 6.61 所示。

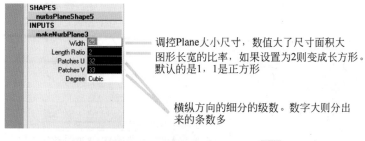

调控Plane大小尺寸，数值大了尺寸面积大
图形长宽的比率，如果设置为2则变成长方形。
默认的是1，1是正方形

横纵方向的细分的级数。数字大则分出
来的条数多

此图是Patches U设
置为32，Patches V
设置为33的效果图，
宽度被分成32份，
长度被分成33份

细分的份数越多表示图形越为精确，在很多时候由于细分的份数不够导致了图形
出现锯齿
在Trim操作需要裁剪出Plane时需要将它提前设定多一点的细分数，避免进行Trim
操作后出现锯齿

图 6.61　平面参数的设置

对照三视图，将 nurbsPlane 平面沿 Y 轴向下移动，放在手机上滑盖的底部位置，如图 6.62 所示。

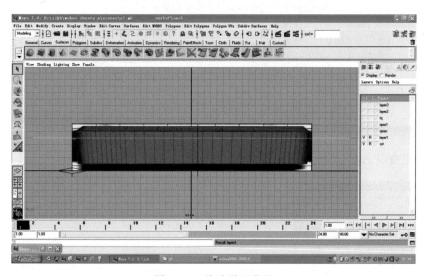

图 6.62　移动平面位置

单击图 6.63 所示 A 处，调出 Channel Box(通道栏)。单击图 6.63 所示 B 处，显示出图层编辑面板，在这里可以新建和删除图层。单击如图 6.63 所示 C 处，新建一个图层。

因为在后面的操作中还要用到侧面和 Plane 平面，所以需要将这两个面复制一下。复制方法是：单击创建的复制快捷键进行复制，如图 6.64 所示；也可以选择 Edit|Duplicate 命令进行复制。

选择复制之后的这两个面，在刚创建的新图层 Layer1 上右击，选择 Add Selected Objects 选项，此时已将所选的对象放入到指定图层中，如图 6.65 所示。

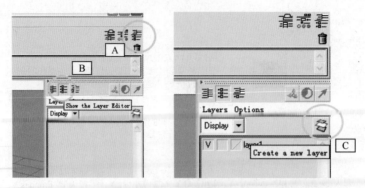

图 6.63 创建新的图层

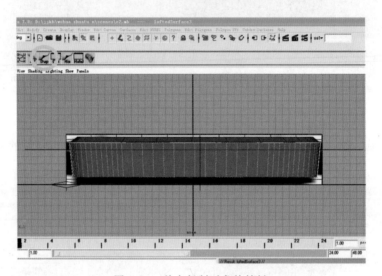

图 6.64 单击复制对象快捷键

单击如图 6.66 所示方框内的图标,使字母 V 消失,即可隐藏图层。当再次单击此图标,字母 V 出现时,即可再次使用刚刚复制的侧面和 Plane 平面了。

图 6.65 将选定的对象放入图层中

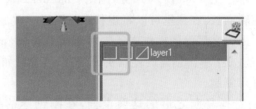

图 6.66 隐藏图层

选择侧面曲面图形,如图 6.67 所示。

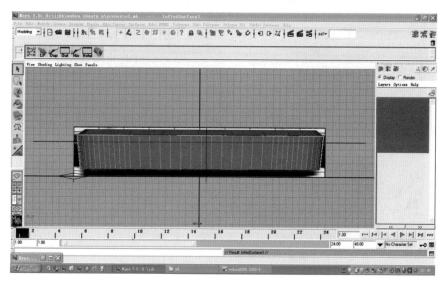

图 6.67　选择侧面曲面

按住 Shift 键,同时按动鼠标,选中刚创建的 Plane 平面,如图 6.68 所示。

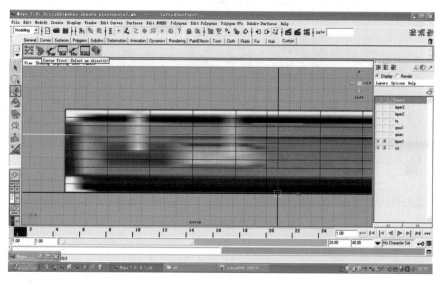

图 6.68　选择曲面

注意:在执行 Circular Fillet 时,需要选择两个相交的曲面,此时需要注意选择曲面的顺序,选择曲面的顺序不同,所生成的曲面是不同的。

单击 Edit NURBS|Surface Fillet|Circular Fillet 命令后面的方块,如图 6.69 所示,可以对参数进行设置。直接选择此命令则应用上一次操作时设定的参数。

执行 Circular Fillet 命令之后生成的导角曲面如图 6.70 所示。注意:这个图是将别的部分剪切(Trim)之后生成的 NURBS 导角曲面。

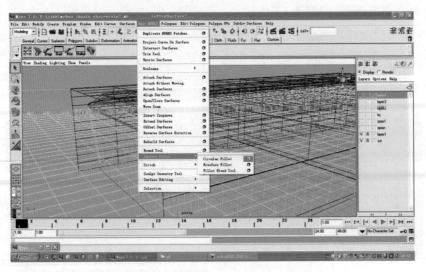

图 6.69   选择 Circular Fillet 命令

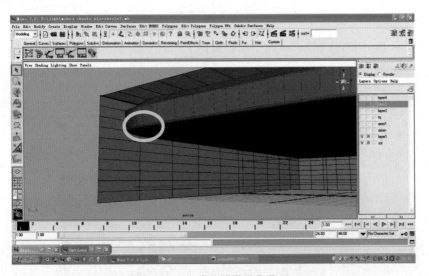

图 6.70   生成的圆滑导角曲面

选择侧面的曲面,选择 Edit NURBS|Trim Tool 命令,此时图形变成透明白线状态,单击需要保留的部分,此时出现一个黄色点,如图 6.71 所示,表示所保留的部分,按 Enter 键。此时修剪出了曲面。

选择 nurbsPlane 平面,用同样的方法修剪出 nurbsPlane 平面,如图 6.72 所示。

执行 Circular Fillet 命令之后生成的导角曲面和执行 Trim Tool 操作之后生成的手机上滑盖,如图 6.73 所示。手机上滑盖制作完成。

知识点:连接曲线命令操作,镜像复制,闭合曲线命令操作,进入曲线的点模式,参考三视图绘制精确 CV 曲线。

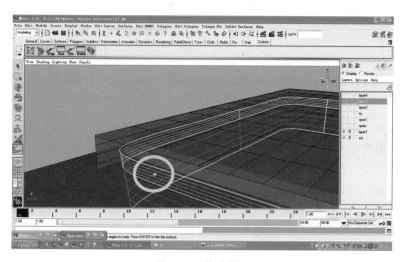

图 6.71　修剪侧面

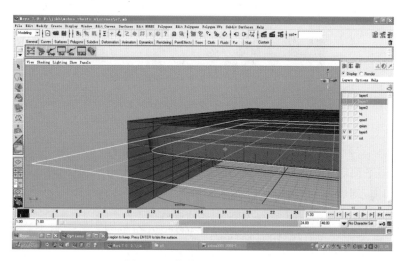

图 6.72　修剪 nurbsPlane 平面

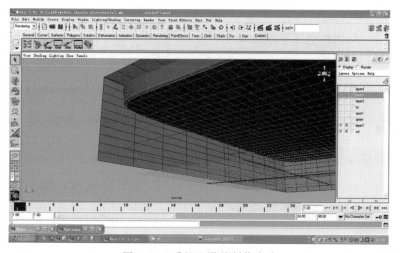

图 6.73　手机上滑盖制作完成

第7章　手机机身下部机体

本章结合手机机身下部机体曲面的制作过程,主要讲述和复习了使用圆滑导角命令创建相交曲面的圆滑导角曲面的操作方法与曲面修剪的技巧方法。同时在补充实践中,还对有关视图显示类型选择等基本操作内容进行了较详细的介绍,因为在设计制作过程中,它们都是经常要使用的操作方法。

7.1　制作手机机身下部机体

单击如图 7.1 所示方框内的图标,使字母 V 出现,将上一章复制的侧面 Loft 曲面和平面调出来。

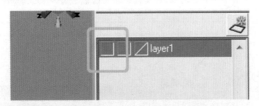

图 7.1　将复制的曲面调出来

选中 Plane 平面之后,按住 Shift 键,再选中侧面 Loft 曲面,此时同时选中了 Plane 平面和侧面 Loft 曲面,如图 7.2 所示。

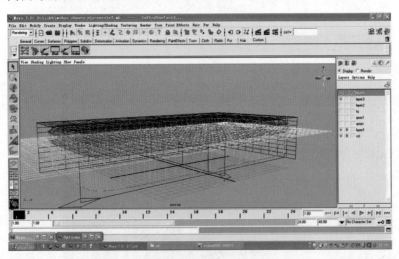

图 7.2　同时选择平面和曲面

单击 Edit NURBS|Surface Fillet|Circular Fillet 命令后面的方块,可以对参数进行设置,如图 7.3 所示。

可以参照图 7.4 对 Circular Fillet 的参数进行设置。设定之后单击 Fillet 按钮。

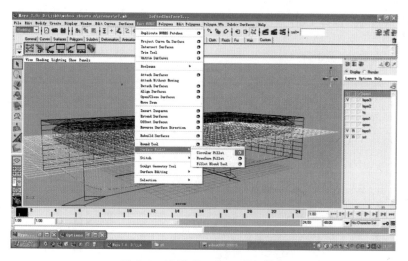

图 7.3　进行 Circular Fillet 操作

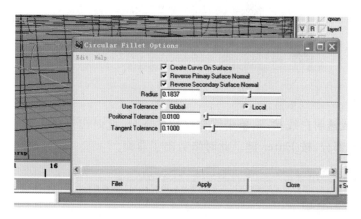

图 7.4　参数设定

紫色的曲面是执行了 Circular Fillet 命令之后生成的新圆滑导角曲面，如图 7.5 所示。

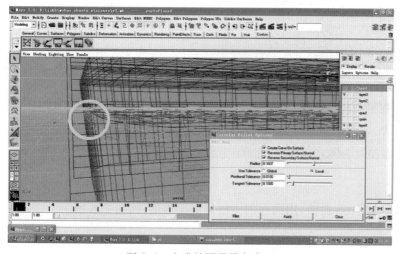

图 7.5　生成的圆滑导角曲面

选择 Plane 平面,选择 Edit NURBS|Trim Tool 命令,如图 7.6 所示,用 Trim 命令制作手机键盘区域。

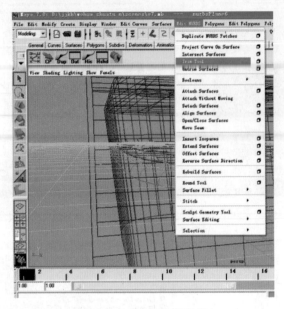

图 7.6　对平面进行修剪

此时图形变成透明白线状态,单击需要保留的部分,此时出现一个黄色点,如图 7.7 所示,表示所保留的部分,按 Enter 键。此时修剪出了曲面。

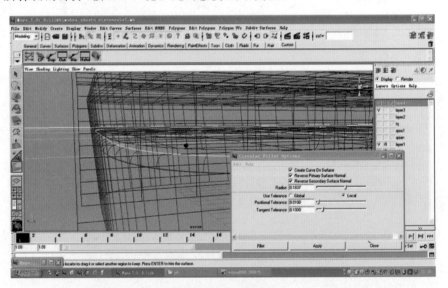

图 7.7　修剪 Plane 平面

选择侧面 NURBS 曲面,用同样的方法修剪出曲面,如图 7.8 所示。

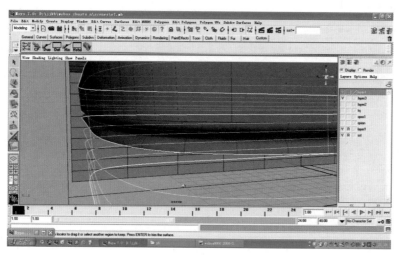

图 7.8　下部机体银色曲面制作完成

7.2　制作手机银色机身下部银色导角曲面和银色底面

选择 Create|NURBS Primitives|Plane 命令，创建一个 nurbsPlane 平面。参照三视图，将这个平面放于银色机体底部，如图 7.9 所示。

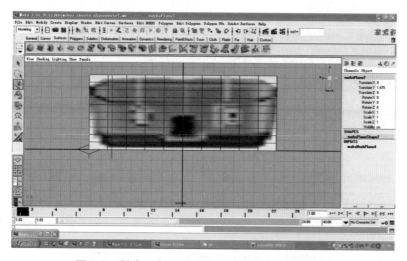

图 7.9　创建一个 nurbsPlane 平面移动到合适位置

选择侧面曲面和 nurbsPlane 平面，单击 Edit NURBS|Surface Fillet|Circular Fillet 命令后面的方块，在参数设置框中进行参数设置，生成如图 7.10 所示的导角曲面。单击 Fillet 按钮。圆圈标注处是执行命令后生成的新的导角 NURBS 曲面。

选择侧面曲面，选择 Edit NURBS|Trim Tool 命令，此时图形变成透明白线状态，单击需要保留的部分，此时出现一个黄色点，如图 7.11 所示，表示所保留的部分，按 Enter 键。此时修剪出了曲面。

选择 plane 平面，用同样的方法修剪出平面，如图 7.12 所示。

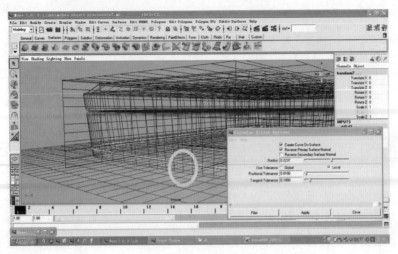

图 7.10　白色曲面是生成的新的圆滑导角曲面

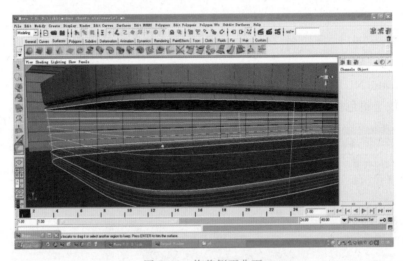

图 7.11　修剪侧面曲面

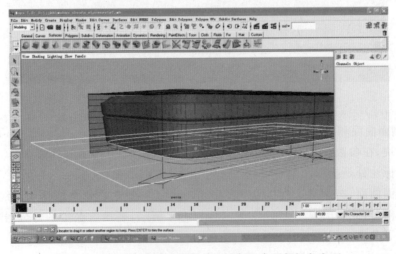

图 7.12　选择区域为生成的手机银色机身下部银色底面

补充操作实践——选择显示类型与精度

1. 设置工作区视窗显示类型

1）显示贴图图像

按键盘上的数字键6，在视图中可以显示已赋予贴图材质物体的贴图影像，如图7.13所示。

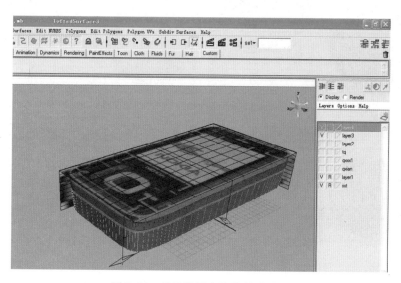

图 7.13　显示视图中物体材质贴图

2）显示模型视图

按键盘上的数字键5，可显示如图7.14所示的模型图。

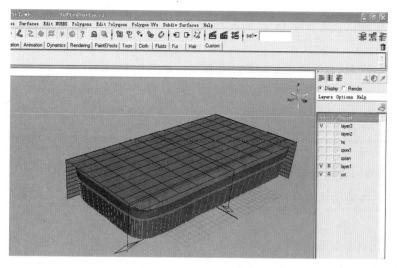

图 7.14　显示立体模型图

2. 设置工作区视窗 NURBS 曲面的显示精度类型

显示精度类型不同,其显示效果也不同。可以根据设计的需要,进行适当的选择。总体上说,选择的显示精度越高,显示效果也越好,但显示花费的时间(即你等待的时间)也越长。显示精度类型的选择操作说明如下,图 7.15 为显示效果的对比。

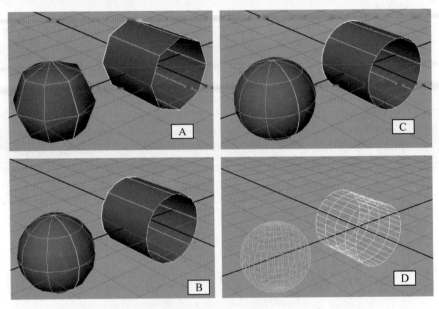

图 7.15　精度类型选择的显示效果

(1) 按数字键 1:预览显示观察设计效果。线框少,图形质量低。如图 7.15(A)所示。

(2) 按数字键 2:显示中级效果进行观察。线框较少,图形质量较低。如图 7.15(B)所示。

(3) 按数字键 3:显示中级效果进行观察。线框多,图形质量高。如图 7.15(C)所示。

(4) 按数字键 4:显示视图中对象的线框图。如图 7.15(D)所示。

提示:

(1) 当按数字键 1 或 2 选择低质量的显示时,对渲染制作效果并不影响,只是对所设计出的图形按低质量方式进行显示,以提高其显示的速度。因为有时视图中模型部件太多,屏幕显示会卡住,所以可以采取低质量的显示来提高速度。

(2) 利用上述数字键选择显示类型和精度的方法既简洁又方便。建议:在设计中要熟练掌握。

另一种视图查看对象的方法是将对象的线框图显示出来,这样便于观察到模型的结构。推荐在制造模型时将对象的线框图显示出来。其操作过程是:选择 Shading|Shade options|Wireframe on Shaded 命令,如图 7.16 所示。

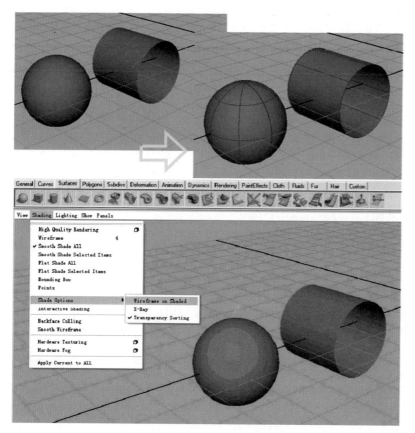

图 7.16 使视图中物体用线框图显示

第8章　手机底盖的制作

本章主要介绍手机底盖的制作方法。使用 Loft 放样命令，制作手机底部塑料盖侧面曲面，之后创建一个 Plane 平面，使用圆滑导角工具生成导角曲面后，再使用 Trim 工具完成制作。

8.1　选择曲线，删除曲线历史记录

选中前面章节执行 Loft 命令生成的侧面曲面中位于下方位置的曲线，删除这个曲线的历史记录。注意，一定要删除曲线的历史记录，否则缩放曲线时由这条曲线生成的曲面的形状也会发生改变。删除曲线历史记录的方法是：单击删除对象历史记录快捷键，如图 8.1(A)所示；或者选择 Edit | Delete by Type | History 命令。设定参数将曲线缩放，如图 8.1(B)所示，移动位置，用来制作底部电池盖下部曲线。

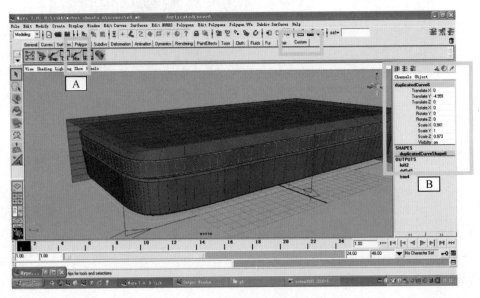

图 8.1　删除曲线历史记录

8.2　选取底部曲线进行复制

选择前面删除历史记录的曲线，单击复制对象快捷键，如图 8.2(A)所示，将其复制。对复制的曲线进行移动、缩放操作，其参数设置如图 8.2(B)所示。

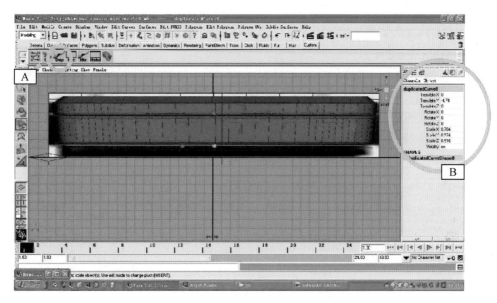

图 8.2　制作底部电池盖上部曲线

8.3　选取对象，执行 Loft 命令生成曲面

参照三视图，调整前面生成的两条曲线的位置，用来制作电话下部电池盖。选择这两条曲线，选择 Surface|Loft 命令，如图 8.3 所示，生成的手机底部曲面如图 8.4 所示。

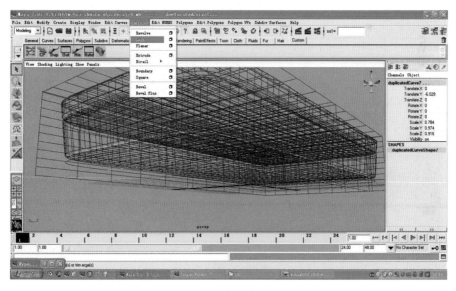

图 8.3　选定曲线对象和放样命令

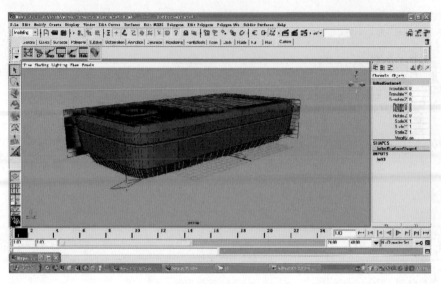

图 8.4　生成的手机底部曲面

8.4　创建一个新 Plane 平面

　　单击 Plane 创建图标(如图 8.5(A)所示),创建一个新的 Plane 平面,参照图 8.5(B)进行参数设置。注意:新创建的 Plane 平面一定要有足够的细分度。

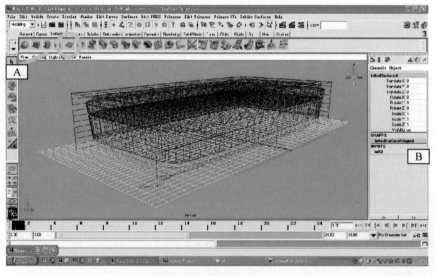

图 8.5　创建一个新的 Plane 平面

8.5　调出三视图进行位置调整

　　按数字键 6 将三视图调出来,并将 Plane 平面精确地移动到手机电池底部的最下端位置,如图 8.6 所示。

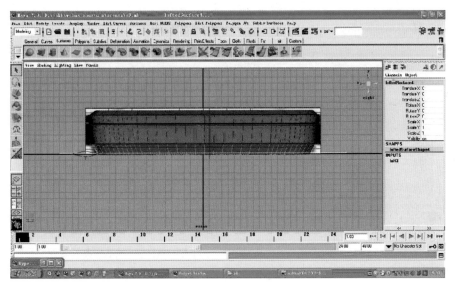

图 8.6 将 Plane 平面放于手机电池底部的最下端

8.6   进行底部曲面的圆滑操作

选择电池盖 Loft 曲面和 Plane 平面,选择 Edit NURBS|Surface Fillet|Circular Fillet 命令,如图 8.7 所示,参照图 8.8 对参数进行设置,然后单击 Fillet 按钮,即完成对电池盖底部曲面的圆滑导角操作,生成新的曲面。

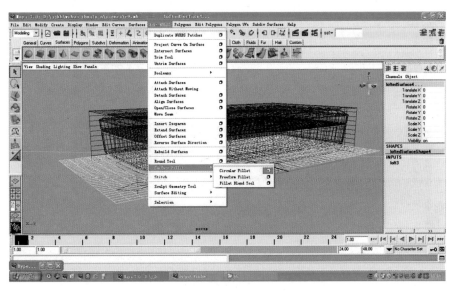

图 8.7   Circular Fillet 命令

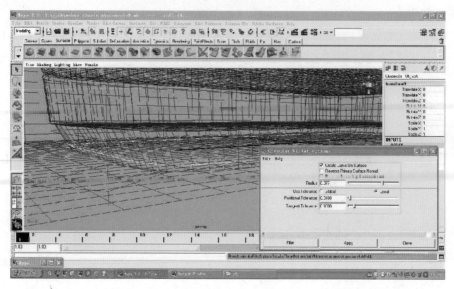

图 8.8　圆滑导角操作生成的白色新曲面

8.7　选择侧面曲面进行底部曲面的修剪

选择电池盖侧面曲面后,选择 Edit NURBS|Trim Tool 命令,所选对象图形变成透明白线框状态,单击需要保留的部分,此时呈现出一个黄色点,表明选中需要保留的部分,如图 8.9 所示,按 Enter 键,即可完成修剪过程。执行修剪后的曲面如图 8.10 所示。

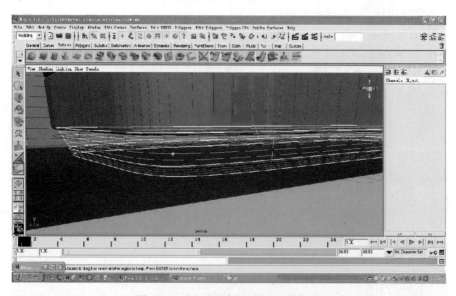

图 8.9　对电池盖侧面曲面进行修剪

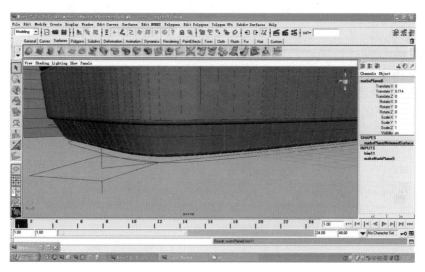

图 8.10 修剪后的底部电池盖侧面曲面

8.8 选择平面进行底部曲面修剪

选择 nurbsPlane 平面，选择 Edit NURBS│Trim Tool 命令，在出现的白色线框中单击需要保留的部分，按 Enter 键，完成修剪操作，如图 8.11 所示。

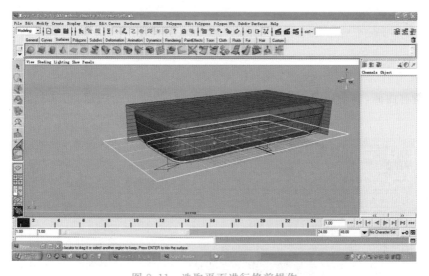

图 8.11 选取平面进行修剪操作

8.9 展现制作完成的视图效果

经过以上操作，可以说，大体的机体外观部分已经制作完成。初步制作的机体外观展现效果如图 8.12 所示。

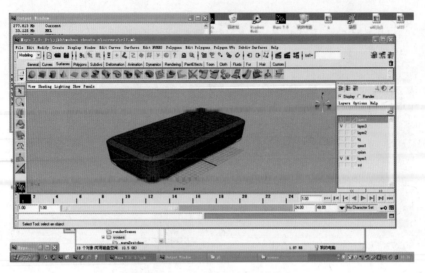

图 8.12 初步制作后的机体外观

提示：前面所讲到的常用设计组合工具，例如曲面圆滑导角、Trim、曲线连接和曲线闭合等，在设计过程中会经常配套使用，一定要多加练习。要在不断实践过程中掌握其特性和特点，才能提高操作能力和设计效率。同时，在设计制作时，一定要按照三视图放置的位置进行精确调整和参数设置，只有这样才能制作出精确的三维模型。

补充操作实践——将选中的目标曲面放置于新图层中

1. 选取所有的曲面

选中所有曲面，单击如图 8.13 所示 A 处的图标，新建一个图层，用来放置所有的手机机身曲面。

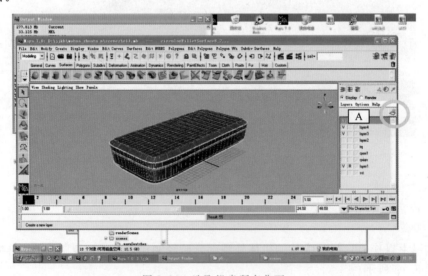

图 8.13 选取机身所有曲面

2. 将选取的曲面放于指定图层中

如图 8.14 所示,确定目标物体被选中后,将鼠标放在新建的图层上,选择 Add Selected Objects 命令,选中的物体被放入图层中。

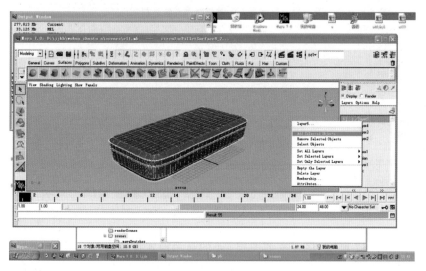

图 8.14　将选中的物体放入图层

3. 更改图层名称

对前面放入机身曲面的图层重新命名,操作方法是:双击这个图层(如图 8.15(A)所示),出现 Edit Layer(编辑图层)对话框,将图层名更改为 nd(如图 8.15(B)所示),表示此图层为放置机身曲面的图层,便于查看,单击 Save 按钮完成图层的改名。

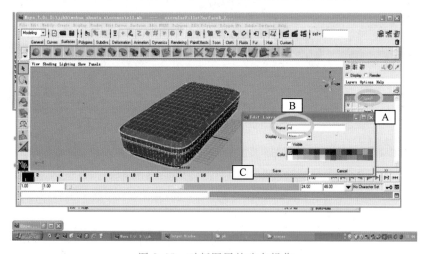

图 8.15　对新图层的改名操作

4. 隐藏图层

单击如图 8.16 所示 A 处的图标,字母 V 消失,此时,机身曲面隐藏。

5. 锁定图层并显示三视图图层

为了下一章节进行手机按钮的设计制作,将手机主体机身所有曲面都隐藏。调出三视

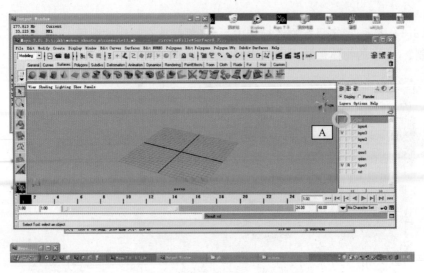

图 8.16 隐藏机身曲面图层

图图层 sst,如图 8.17 所示,将三视图图层 sst 的显示模式设置为 V,再将该图层的视图显示选项设置为 R,这样既可实现锁定该图层内的物体,又可在视图中看到三视图。

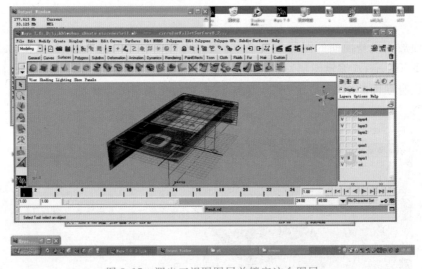

图 8.17 调出三视图图层并锁定这个图层

第9章 手机操作主键的制作

本章主要讲述手机平面视图上主操作按键的制作，其中涉及曲线、曲面制作与修剪等方法。要注意创建对象时参数的设置和精确制作曲线的方法，在不断实践中加深理解，才能掌握其要领并灵活加以运用。

9.1 选取创建 NURBS CV 曲线的工具

选择 Create|CV Curve Tool 命令，按照顶部(Top)三视图的形状，精确地用 CV 曲线绘制一条按钮的外框，如图 9.1 所示。

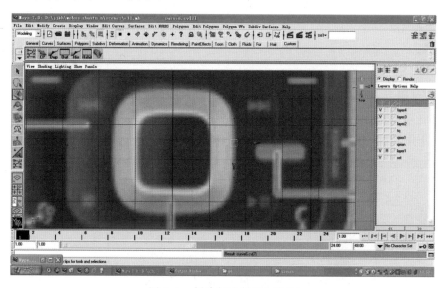

图 9.1 创建与绘制 CV 曲线

注意：CV 曲线是制作精细 NURBS 模型时常用的一种曲线，它有很多特征，需要在不断的实操过程中加深了解，才能领悟和掌握其精确的创建方法。CV 曲线依靠多点控制曲线的形状，一般是至少 3 个点。怎么控制需要自己在实践时加以关注。

9.2 绘制出一条主键的外框

按照顶部(Top)三视图的形状，用 CV 曲线工具精确地绘制一条主键的外框，如图 9.2 所示，注意控制好曲线的形状。请思考：为什么图中只绘制出主键外框的一半？通过后续的绘制操作，你会明白并悟出其中的道理。

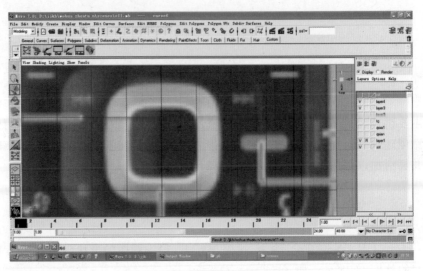

图 9.2　绘制一条主按钮的外框曲线

9.3　选取绘制曲线进行镜像复制

　　其操作过程为：选中绘制的 CV 曲线，选择 Edit|Duplicate 命令后的方形框，在出现的参数设置框（如图 9.3（A）所示）中进行参数设置，将 Scale X 的参数设置为−1，其他参数不变，设置后单击 Duplicate 按钮（如图 9.3（B）所示），完成曲线的镜像复制。

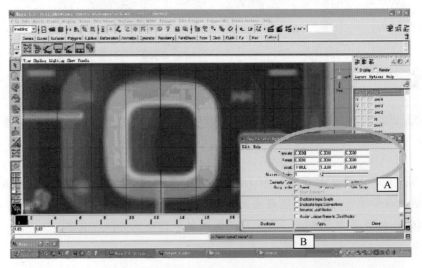

图 9.3　曲线的镜像复制操作

9.4　复制曲线的位置调整与连接

　　其操作过程是：先将已复制的曲线放到主按钮键框的左侧位置（注意：预连接的两条曲线应当尽量接近到留有一点小空隙），再按住 Shift 键不放同时选中要连接的两条 CV 曲

线,然后选择 Edit Curves|Attach Curves 命令,在出现的参数设置框中进行参数设置,然后单击 Attach 按钮,如图 9.4 所示。当两条曲线已经合并成为一条曲线时,整条曲线变成绿色。

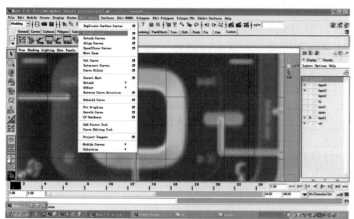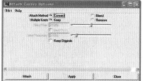

图 9.4 两条曲线的连接操作

提示:为把连接后的曲线保留下来,注意进行以下操作:在如图 9.4 所示的参数设置框中的 Attach Method 项中选择 Connect 单选按钮,再选择 Keep Original 复选框。

9.5 连接曲线的闭合

完成曲线的连接操作后,曲线还有一个小口没有闭合,需要后续的曲线闭合操作配合使曲线闭合。因此,制作过程中经常把这两种操作连在一起。曲线的闭合操作过程是:选择 Edit Curves|Open/Close Curve Options 命令,在出现的参数设置框中选择 Preserve 单选按钮,然后再单击 Open/Close 按钮,实现曲线闭合,如图 9.5 所示。

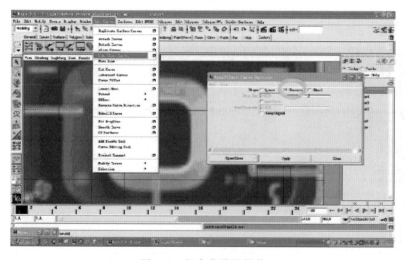

图 9.5 闭合曲线的操作

9.6 曲线形状的精细调整与放入新图层

参照顶部三视图，继续对曲线形状进行细致而精确的调整：选择曲线，单击如图9.6所示 A 处图标，再单击如图9.6所示 B 处图标，使曲线进入点编辑模式。此时可以选中点，检查点的排列状况，用移动工具移动点的位置，改变曲线形状。调整曲线形状之后，按 F8 键返回物体模式。

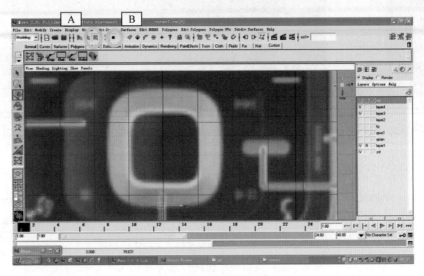

图 9.6 进入曲线编辑模式

创建新图层，将图中所有曲线放入这个新图层中，操作方法是：选择如图9.7所示 A 处的图标，弹出 Edit Layer 对话框，将图层改名为 curves，专门用来放置手机附属部分的曲线，单击Save按钮。选取图中所有曲线，将鼠标放在已命名的curves图层上右击鼠标，选择

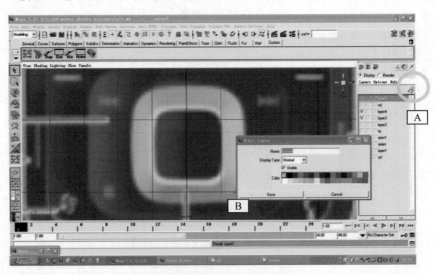

图 9.7 将曲线放入新图层

Add Selected Objects 选项，此时，选取的曲线被放入 curves 图层中。将所有的曲线放入 curves 层中。这样便于管理。

9.7 选取 Loft 放样工具制作侧曲面

单击复制快捷键复制前面创建的曲线，如图 9.8 所示。选择移动工具将复制出的曲线向上移动，操作方法是：选中两条曲线，选择 Surface|Loft 命令。如果需要改变参数，可以单击 Loft 命令后面的方块，在弹出的 Loft Options 对话框中对参数进行设置，如图 9.9 所示。

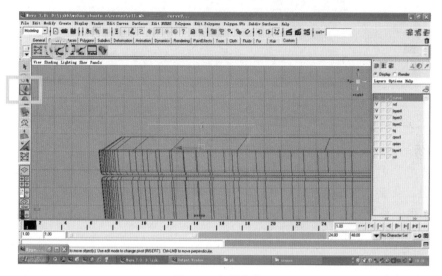

图 9.8　复制曲线

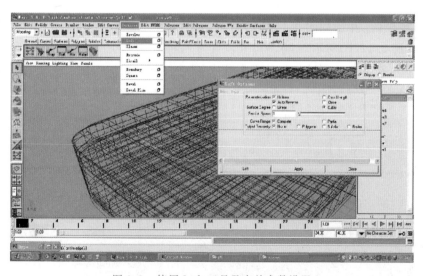

图 9.9　使用 Loft 工具及有关参数设置

进行 Loft 操作之后生成的曲面如图 9.10 所示。单击如图 9.10 所示 B 处的图标，使字母 V 消失。养成良好习惯，这样便于编辑对象。

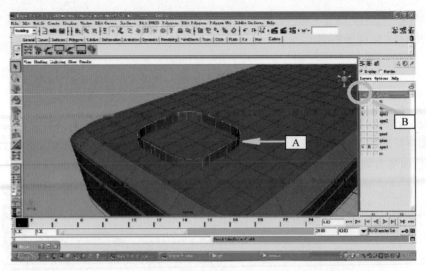

图 9.10 显示出的侧曲面制作效果,隐藏 curves 曲线图层

提示：

(1) 使用 Loft 工具制作完成主键的框曲面后,下面将介绍如何制作主键顶面及其修剪等有关操作。要重点关注其操作过程,理解并掌握一些组合性操作方式或方法。

(2) 在做一件事前要计划或想一下如何去做,在建模的时候需要想到用何种方法制作物体,然后从中选取一种最好的方法进行制作。

9.8 创建 nurbsPlane 平面与参数设定

其操作过程是：单击如图 9.11 所示 A 处的图标,生成一个 nurbsPlane 平面,对其参数进行设置(如图 9.11(B)所示)：将 Width 设置为 7；将 Length Ratio 设置为 2；将 Patches U 设置为 32(表示在 X 轴水平方向上将图形分成 32 个区域),将 Patches V 设置为 32(表示在

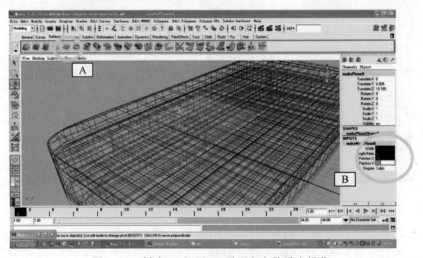

图 9.11 创建 nurbsPlane 平面和参数设定操作

Y 轴垂直方向上将图形分成 32 个区域)。

9.9 目标对象的选取与圆滑操作

其操作过程是：按住 Shift 键，同时选择主键侧面和 Plane 平面为目标对象，选择 Edit NURBS|Surface Fillet|Circular Fillet 命令，在出现的参数设置框中对参数进行设置，单击 Fillet 按钮。完成圆滑操作生成的白色曲面如图 9.12 所示。

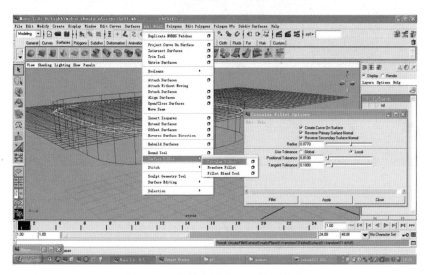

图 9.12 主键上部曲面的圆滑操作

9.10 Plane 平面的选取与修剪操作

其操作过程是：选择 Plane 平面，选择 Edit NURBS|Trim Tool 命令，图形变成如图 9.13

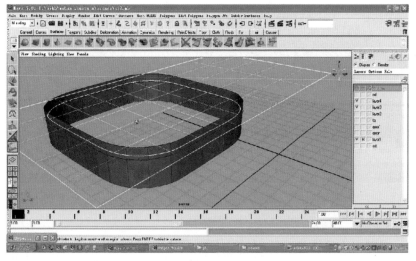

图 9.13 在透明白线框上选取保留部分

所示的透明白线状,单击所有需要保留的部分,如图9.14所示,出现一个黄色点,表示所保留的部分,按Enter键。此时修剪出了Plane平面,如图9.14所示。

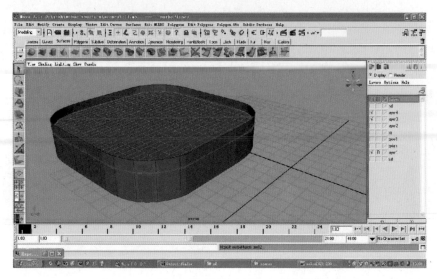

图9.14　进行Trim操作后制作出的主键视图

9.11　侧面曲面的选取与修剪操作

选择侧面曲面,用与前面所述同样的方法修剪此曲面,在透明白线框上选取的保留部分如图9.15所示,其操作结果如图9.16所示。

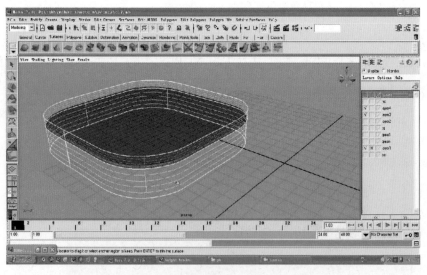

图9.15　在透明白线框上选取保留部分

提示:经过以上的操作过程,手机主操作按键的外观设计已基本完成,包括机体和主键外观两大部分。为提高自己的制作兴趣和自信心,不妨在视图中单击机身图层nd前面的

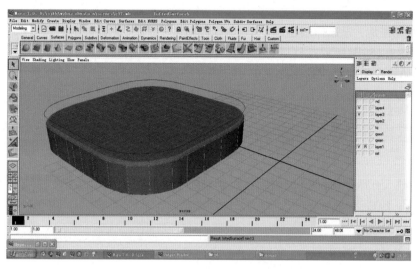

图 9.16 进行 Trim 操作后修剪出主键制作视图

图层显示模式选项,使字母 V 出现,将机身主体显示出来(如图 9.17 所示),观看一下自己制作完成的阶段性成果。

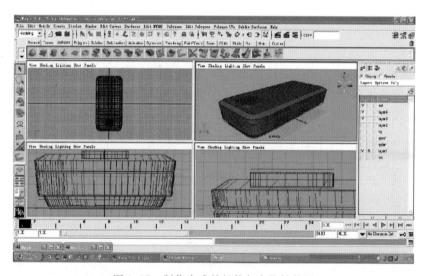

图 9.17 制作完成的机体与主按键外观

补充操作实践—— 修整主键上方的斜面

本操作实践的主要目的是:

(1) 修整主键外观上方的斜面,使其更加美观。

(2) 学习调整目标对象的操作。

(3) 学习相交曲面(Intersect Surfaces)工具以及与其他工具的配套使用方法。

1. 创建一个 NURBS 球体并缩放置于指定位置

其操作过程是：先选择创建一个 NURBS 球体的图标（如图 9.18(A)所示），再选择缩放工具（如图 9.18(B)所示），然后进行缩放、移动操作，使创建出的 NURBS 球体缩小成扁球体，并移动放在图中所示的位置。

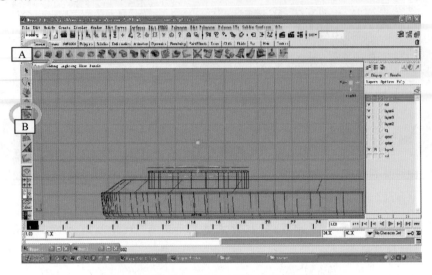

图 9.18　创建 NURBS 球体和选择缩放工具

2. 选取点方式进行缩放调整

其操作过程是：选择缩小的扁球体为目标对象，选择如图 9.19(A)、(B)所示的节点操作方式，选择缩放工具（如图 9.19(C)所示）后，按住 Shift 键进行框选，图中的主键四角为节点，然后进行缩放。

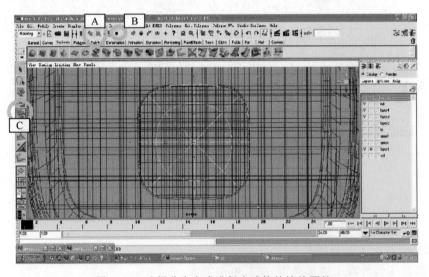

图 9.19　选择节点方式进行扁球体的缩放调整

3. 在立体视图中调整位置

如图 9.20 所示，在立体视图中观察其调整后的位置。要注意：扁球体放置的位置不仅要与下面的主键体有交接点，而且要比下面的主按钮略小一点。

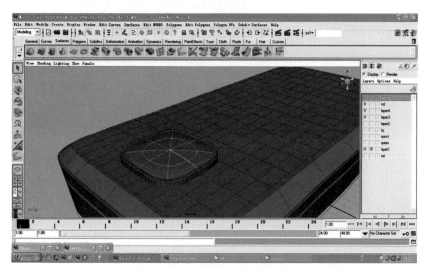

图 9.20　在立体视图中观察调整后位置

4. 进行相交曲面的操作

其操作过程是：按住 Shift 键，同时选择扁球体和主键体最上面的 Plane 平面，选择
Edit NURBS|Intersect Surfaces 命令，在出现的参数设置框中进行参数设置，如图 9.21 所
示。注意：要同时选中 Both Surfaces 和 Curve On Surface 两个单选按钮。Curve On
Surface 单选项表示在选定的平面上生成曲线，生成的曲线用来配合 Trim 操作使用。

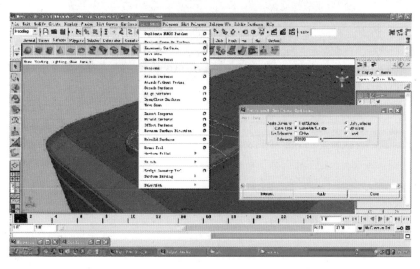

图 9.21　相交曲面命令选取与参数设定

补充知识：相交曲面命令的参数说明如图 9.22 所示。

5. 扁球体的选取与 Trim 操作

选择扁球体为目标对象后，选择 Edit NURBS|Trim Tool 命令，选取白色框线中需要保
留部分后再按 Enter 键。其修剪过程与前述类似，不再赘述（如图 9.23 所示）。

Intersect Surfaces是相交图像工具，选择两个相交物体在相交部分
产生曲线，主要是用来配合Trim做打孔用，是常用命令

这个选项是产生相交曲线的位置，First Surface表示在先选择的物
体上产生曲线，Both Surfaces表示在两个对象上都产生曲线

图 9.22　相交曲面命令参数说明

　　将进行相交曲面操作的扁球体和主键体最上面的 Plane 平面分别进行 Trim 修剪操作，Trim 修剪后主按键主体形状如图 9.23 所示。

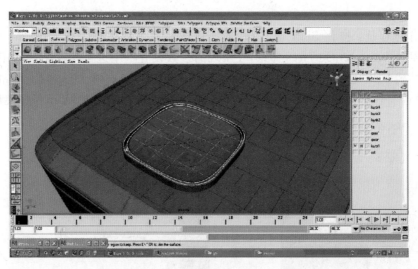

图 9.23　选取白色线框中的保留部分

第 10 章　手机导航按键的制作

本章主要对手机导航按键的制作方法进行了介绍,讲解了运用多工具制作曲线、曲面操作方法,并对主要的操作步骤进行了详细说明。

10.1　移动调整好放有三视图的制作工作面

为便于制作主键中间部分的导航按键,及减少其他视图对操作与观察引起不必要的干扰,首先选择 Top 视图所在的平面,沿 Y 轴垂直方向向上移动。对 Top 视图平面上移后形成的工作面视图如图 10.1 所示。

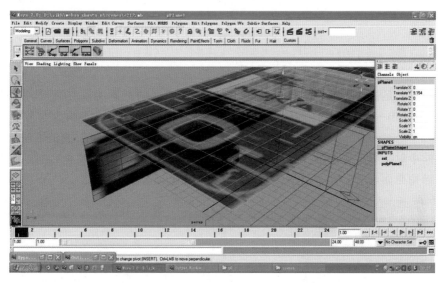

图 10.1　向上移动调整后的工作面视图

10.2　曲线的复制及大小与位置的调整

其操作过程是:选择主按钮轮廓曲线(如图 10.2(A)所示),单击复制对象快捷图标(如图 10.2(B)所示),对这条曲线进行复制;选用缩放工具将复制出来的曲线缩小,并参照主键中间空洞曲线的形状与大小将其放到如图 10.2 所示 C 处位置,用来制作出主键中间空洞的一条曲线;单击复制对象快捷图标,对这条曲线进行复制,并且向上移动到如图 10.2 所示 D 处。

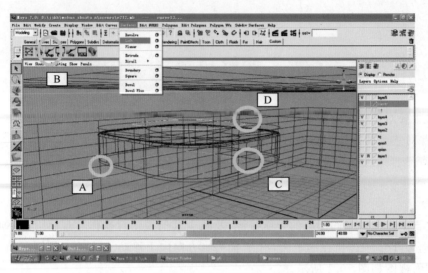

图 10.2   曲线的复制及大小与位置的调整

10.3   Loft 工具与圆滑工具配合进行曲面的修剪

其操作过程是：按住 Shift 键，选中制作主键中间空洞的上下两条曲线，选择 Surfaces|
Loft 命令，放样出一个侧曲面；再选择放样的侧曲面和主按钮上部曲面为对象目标，选择
Edit NURBS|Surface Fillet|Circular Fillet 命令；单击 Circular Fillet 后面的方块，在弹出的
参数设置框中对参数进行设置；最后，单击 Fillet 按钮，完成圆滑导角操作，制作出主按钮内
侧的圆滑导角曲面，如图 10.3 所示（白色曲面即为生成的导角曲面）。

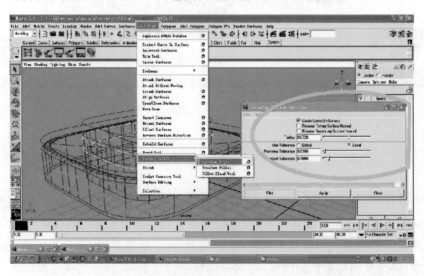

图 10.3   使用 Loft 工具和 Circular Fillet 工具进行放样和导角操作

补充知识：Circular Fillet 参数设置如图 10.4 所示。

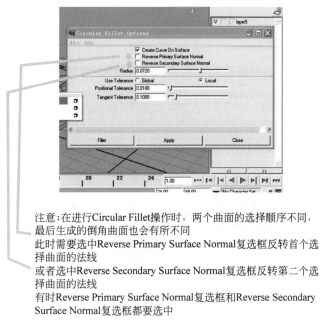

注意：在进行Circular Fillet操作时，两个曲面的选择顺序不同，
最后生成的倒角曲面也会有所不同
此时需要选中Reverse Primary Surface Normal复选框反转首个选
择曲面的法线
或者选中Reverse Secondary Surface Normal复选框反转第二个选
择曲面的法线
有时Reverse Primary Surface Normal复选框和Reverse Secondary
Surface Normal复选框都要选中

图 10.4 Circular Fillet 参数

Circular Fillet 是一个重点命令，需要在实践练习中反复操作、试验，最后掌握这个命令。还要注意：Circular Fillet 命令开始时所选择的两个曲面需要是相交的 Nurbs 曲面。

10.4 对 Loft 曲面的 Trim 操作

其操作过程是：选择已创建好的 Loft 曲面为对象，选择 Edit NURBS | Trim Tool 命令，产生如图 10.5 所示的白色框线，单击需要保留的区域，出现一个黄色点，按 Enter 键，可完成 Loft 曲面的修剪工作。

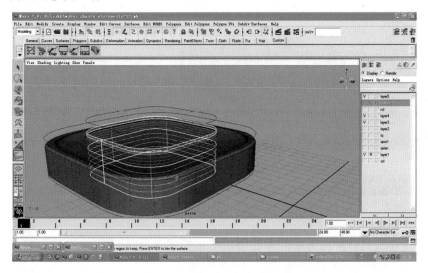

图 10.5 选择需要保留的区域

10.5 对主按钮上部曲面进行 Trim 操作

选择主按钮上部曲面,用与前述同样的方法修剪曲面,其结果如图 10.6 所示。

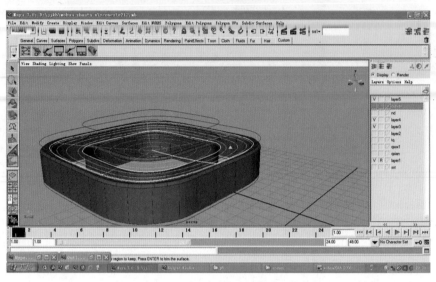

图 10.6 选择需要保留的区域

提示:经过上述操作,主键上的导航按钮已制作完成,图 10.7 为显示出的制作效果,可以说相当美观,曲面倒角也相当精致。

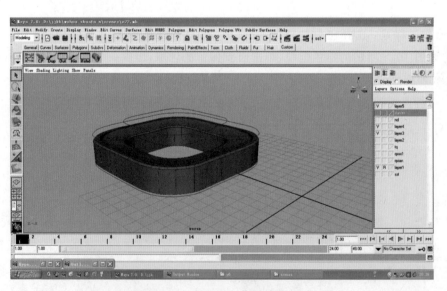

图 10.7 导航按钮制作的效果展示

在视图中单击机体所在图层前面的图层显示模式选项,使字母 V 出现,将机体所在的图层显示出来,观看一下整体效果,如图 10.8 所示。

图 10.8　导航按钮的整体制作效果

值得一提的是：精细制作也和手工画图一样，要从制作的整体上着眼。注意养成从整体上把握绘制的良好习惯，不要仅仅局限于部分细节进行绘制，否则，不可能制作出好的作品来。

第 11 章　上滑盖材质的创建与渲染

Hypershade(超图渲染编辑器)是 Maya 提供的一种具有丰富功能的渲染材质编辑器。本章在学习 Hypershade 编辑器有关概念和节点操作的基础上,着重讲述了如何应用渲染编辑工具实现机体材质的创建与渲染,以及有关的渲染调整等内容。

11.1　打开 Hypershade 编辑器

打开 Hypershade 编辑器的方法有两种:一是选择 Window | Rendering Editors | Hypershade 命令;二是单击如图 11.1 所示 A 处的 Hypershade 快捷键图标。由于在设计中会经常使用,为操作方便起见,建议采用第二种方式。

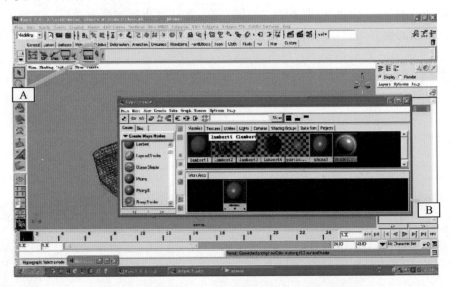

图 11.1　打开 Hypershade 编辑器的方式与工作界面

11.2　创建材质节点和节点的编辑操作

其操作过程是:打开 Hypershade 编辑器,单击 Phong 图标(如图 11.2(A)所示),创建玻璃塑料材质;双击如图 11.2 所示 B 处的节点,在右侧弹出属性编辑参数框,进行节点编辑;单击如图 11.2 所示 C 处的方块,弹出 Create Render Node(创建渲染节点)对话框,创建节点。

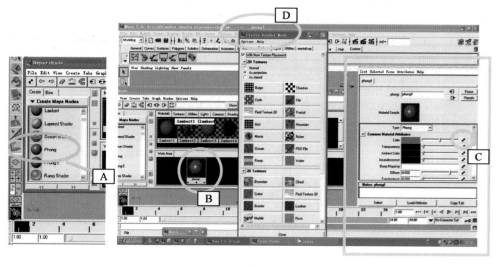

图 11.2 材质的选定和属性参数编辑

11.3 创建映射贴图

为进行材质渲染,需在创建渲染模式下选取映射贴图,其操作过程是:选择 As projection 单选按钮,再单击 File 图标。其图形文件可以是.jpg 等格式,可根据贴入的材质文件在计算机中的存放位置进行选择。

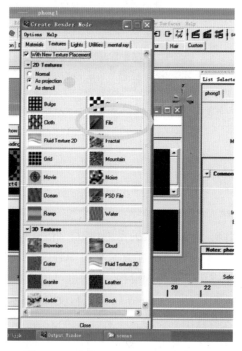

图 11.3 选取 As projection 映射贴图

选择 File 之后会出现渲染节点关系网,如图 11.4 所示。

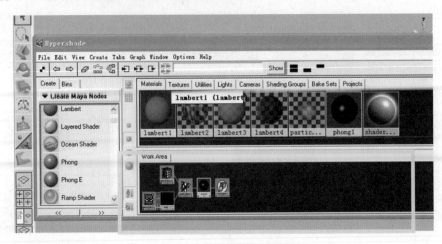

图 11.4 映射贴图节点关系

如果此时没有这么清晰地显示出节点之间的关系,可以单击如图 11.5 所示 A 处图标,再单击如图 11.5 所示 B 处图标,展开此节点的前后关系。

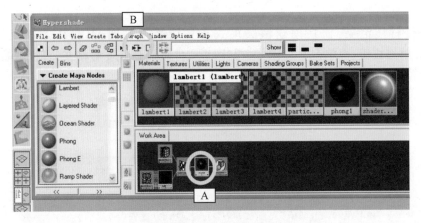

图 11.5 渲染节点关系网

11.4 选择映射贴图图形

其操作过程是:选择出现的渲染节点关系网(如图 11.6(A)所示),单击如图 11.6 所示 B 处的图标,可在硬盘目录中找到需要贴进去的材质图片文件,例如 mobile_nokia_n81.jpg (如图 11.6(C)所示,该材质将用于机体的贴图,当然也可以选择其他材质文件)。建议:最好提前将需要用的贴图放入建立的 sourceimages 工程文件夹中,以便于查找、使用和管理。最后单击 Open,将图片放入节点中。

此时节点调整完毕,如图 11.7 所示。这个材质用于电话顶部的贴图。

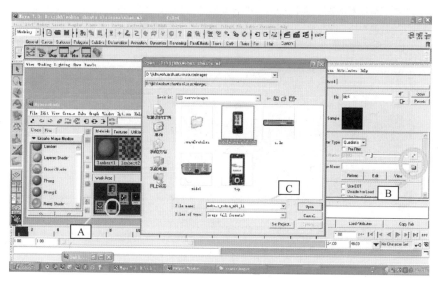

图 11.6　选定渲染节点关系网和贴入材质的图形文件

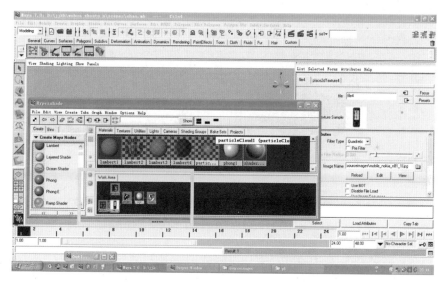

图 11.7　节点调整完毕

11.5　将选定的材质图形渲染附着于机体上

选择手机的顶部，也就是选择顶部滑盖的侧面和顶部 Plane 平面，如图 11.8 所示。

在材质编辑窗口中将鼠标放于节点关系图的 Phong1 上（如图 11.9（A）所示），右击鼠标，选择 Assign Material To Selection 命令，将所选的材质附着到机体目标上（如图 11.9（B）所示）。

此时滑盖顶部已被附上了材质，如图 11.10 所示。

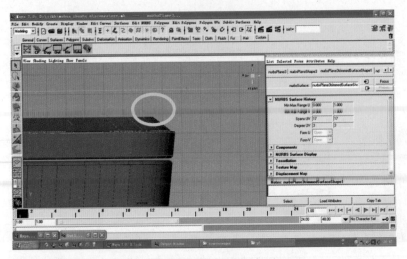

图 11.8　同时选中 Loft 曲面和顶部平面

图 11.9　将材质图形渲染附着于机体的操作

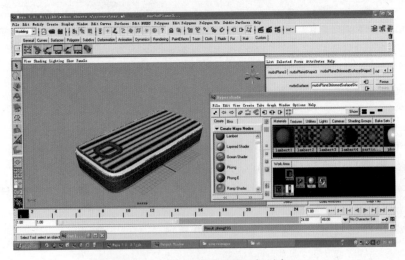

图 11.10　已将材质赋予目标对象

11.6　映射贴入材质图的调整

1. Fit To BBox

选择 projection3 节点（如图 11.11(A)所示），再单击 Fit To BBox 按钮（如图 11.11(B)所示），进行贴图对齐操作。

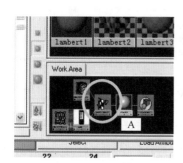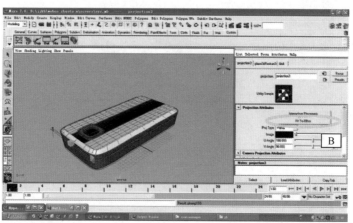

图 11.11　Fit To BBox

补充知识：切换材质节点的前后节点如图 11.12 所示。

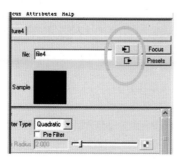

可以在节点关系图中选择节点也可以单击节点属性面板中的两个图标（如图11.12所示圆圈处），实现节点的前后切换：上面的图标是向前一个连接节点切换；下面的图标是向后一个连接节点切换

图 11.12　切换材质节点的前后节点

2. 调整映射图的方位

切换到 place3dTexture3 节点（如图 11.13(A)所示），查看如图 11.13(B)所示参数设置框的参数；再将 Rotate 参数设置为 90（如图 11.13(C)所示），即使之旋转 90 度。

3. 调整映射图的尺寸

切换到 projection3 节点，单击 Fit To BBox 按钮，如图 11.14 所示。

然后，单击如图 11.15 所示 A 处进行尺寸缩放；如果想看缩放的效果，可单击数字键 6。

4. 继续调整映射贴图的方向

如果发现贴图的方向不正确，可再切换到 place3dTexture3 节点，在参数设置框中将 Rotate 参数改为 180，如图 11.16 所示。

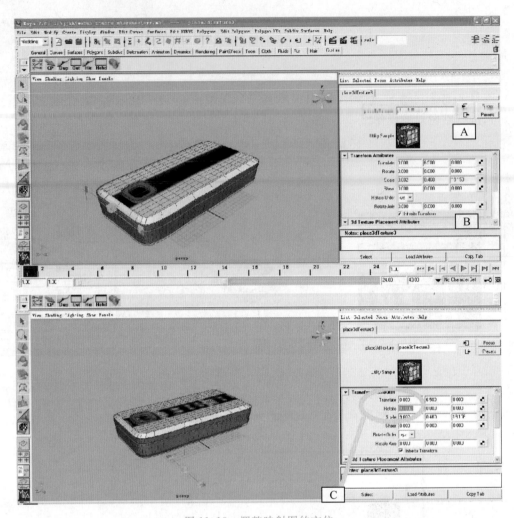

图 11.13　调整映射图的方位

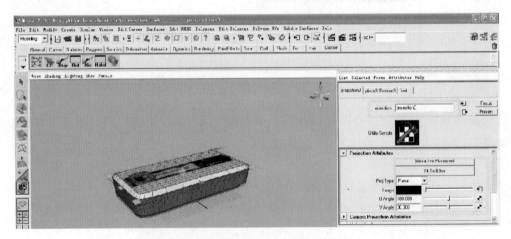

图 11.14　单击 Fit To BBox 按钮

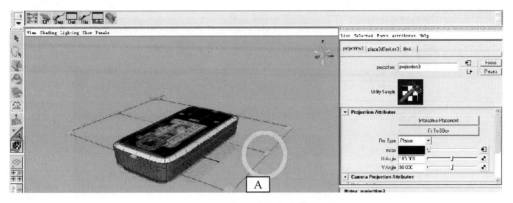

图 11.15　映射图的尺寸缩放调整

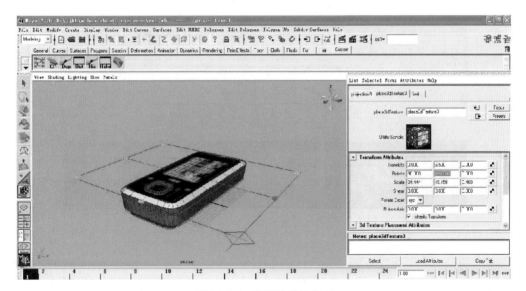

图 11.16　调整贴图的方向

注意：在调试时要经常渲染检查，在练习中积累经验。

补充操作实践——展现渲染关系网的节点操作

1. 清晰展现节点间关系的操作

单击如图 11.17 所示 A 处图标，再单击如图 11.17 所示 B 处图标，可以清晰地显示出节点之间的关系。

2. 查看所选择节点间的前后关系操作

在渲染编辑器工作区中选中 Phong 节点，单击如图 11.18 所示 A 处图标，可以查看所选 Phong 节点的前节点；单击如图 11.18 所示 B 处图标，可以查看所选节点 Phong 的前后节点；单击如图 11.18 所示 C 处图标，可以查看所选节点 Phong 的后节点。

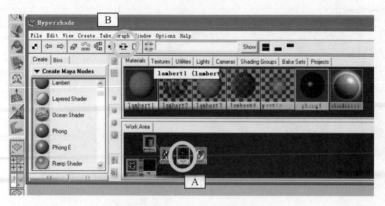

图 11.17   选择展现节点间关系的操作

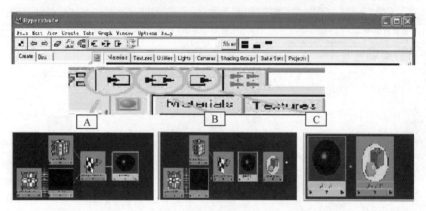

图 11.18   展现节点前后关系的操作说明

3. 节点的属性编辑与切换

单击工作区中的任何一个节点(如图 11.19(A)所示),都会弹出一个节点属性的编辑窗口(如图 11.19(B)所示),通过该窗口可对所选节点的属性进行编辑修改。管理节点一目了然,编辑节点非常方便。

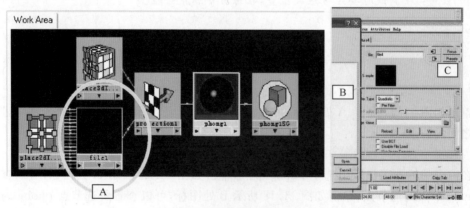

图 11.19   节点的属性编辑窗口与选择切换

同时,可通过单击节点属性面板中的任一图标(如图 11.19(C)所示),实现前后节点的切换。上面的图标是向前一个连接节点切换,而下面的图标是向后一个连接节点切换。

4. 节点工作区与材质选择区的切换

在渲染制作过程中,节点工作区与材质选择区之间的切换非常方便,也是一种经常性的操作。其操作过程是:在显示板处单击如图 11.20 所示的 A 处图标,同时显示出上、下两个区,上区是材质选择区,下区是节点关系工作区;单击如图 11.20 所示的 B 处图标,只显示下面的节点工作区;单击如图 11.20 所示的 C 处图标,只显示上面的材质选择区。

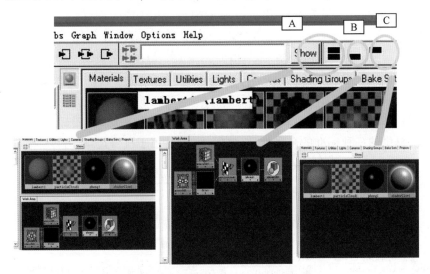

图 11.20 节点工作区与材质选择区的切换

第 12 章　机体与底盖材质的创建及渲染

本章主要介绍了如何创建一种新的材质和塑料烤漆材质,以及如何将其分别渲染应用在手机机体侧面和机体底盖上,并对更改材质名称和材质颜色等方法给予了较详细的说明,其中有关材质渲染的其他细节可参照第 11 章所描述的相关操作进行。

12.1　机体银色金属材质的创建

1. 创建一种 Blinn 金属材质

其操作过程是:打开 Hypershade 渲染编辑器窗口,单击 Blinn 图标,如图 12.1 所示。Blinn 是系统提供的一种标准的金属材质,在第 11 章已用于机身渲染。

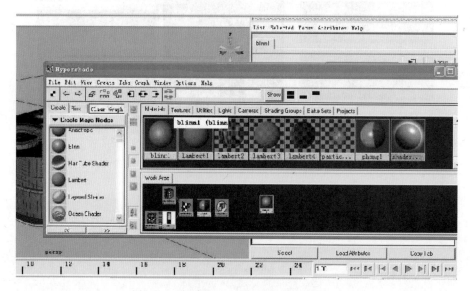

图 12.1　创建一个 Blinn 金属材质的操作

2. 对应用的材质进行改名

对创建的 Blinn 金属材质进行改名,改名为 ti,如图 12.2 所示。

补充知识:改名也可以在节点关系编辑窗口进行,其操作过程是:将鼠标放在节点上,按住 Ctrl 键的同时双击节点,即可进行节点的改名,如图 12.3 所示。

3. 更改材质颜色

单击 Color 后面的色彩框,弹出 Color Chooser 对话框,可以在这里进行色彩设置,例如,在 HSV 色彩模式下设置 HSV 的具体数值,如图 12.4 所示。也可以选择色彩模式。

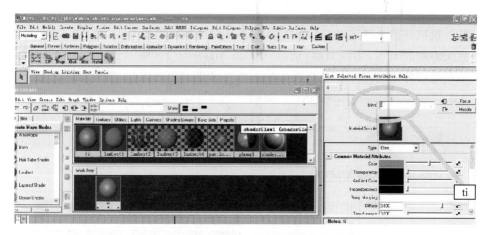

图 12.2　对应用的 Blinn 金属材质进行改名

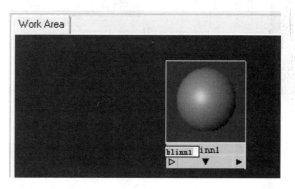

图 12.3　在节点关系编辑窗口对金属材质进行改名

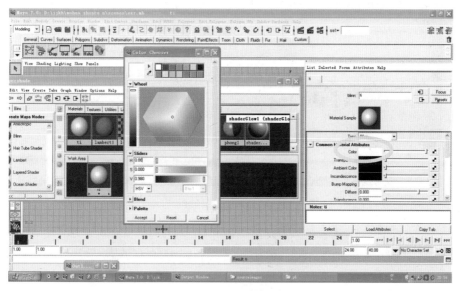

图 12.4　更改材质的颜色

4. 赋予手机机身侧面银色材质

选择手机机身的金属区域,调出 Hypershade 渲染编辑器窗口,如图 12.5 所示,将鼠标放在节点关系图的 ti 上,右击鼠标,选择 Assign Material To Selection 命令,可以将所选材质附着到所选物体之上,如图 12.6 所示。

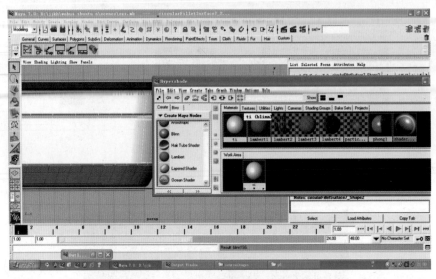

图 12.5　赋予机身侧面 ti 材质

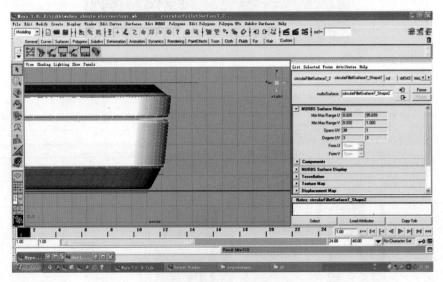

图 12.6　赋予材质之后的机身效果

12.2　底盖塑料烤漆材质的创建

其操作方法与主键金属材质的创建类同。

1. 创建一种 Blinn2 材质

创建一种 Blinn2 材质,并将其颜色修改为黑色,用于制作手机底盖,如图 12.7 所示。

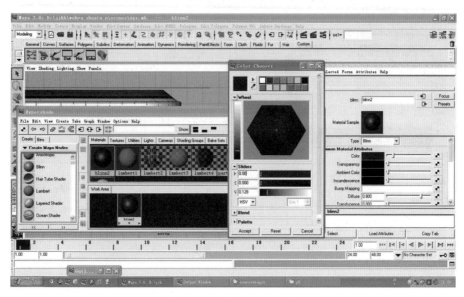

图 12.7 创建塑料烤漆材质

2. 完成材质贴入操作并观察其效果

其操作过程是:选择底盖区域的曲面,调出材质编辑窗口,将鼠标放于节点关系图的 Blinn2 上,右击鼠标,选择 Assign Material To Selection 选项,将所选材质附着到所选物体之上,如图 12.8 所示,此时材质已赋予曲面。图 12.9 为观察到的材质渲染整体效果。

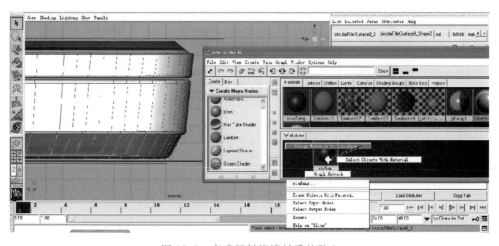

图 12.8 完成塑料烤漆材质的贴入

提示: 下面再介绍一种直接在节点关系编辑窗口进行材质改名和颜色设置的操作方法。该方法在设计制作过程中经常使用,既方便又快捷。

其操作过程是:双击所选取的节点(如图 12.10(A)所示),在出现的 Blinn 框中对应用材质进行改名(如图 12.10(B)所示);如需要改变其颜色,可以单击 Color 选项后面的色块

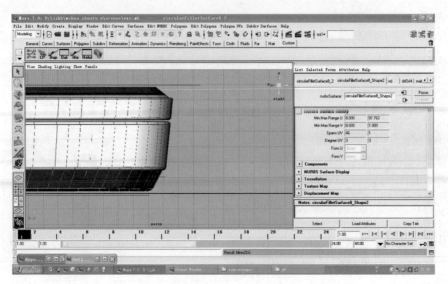

图 12.9　观察材质贴入渲染的整体效果

（如图 12.10(C)所示），在弹出的 Color Chooser 对话框中进行颜色选择；点选 D 或 E 所示的任意颜色，均可实现设置选择。注意：也可以选择 HSV 色彩模式，设置具体数值。

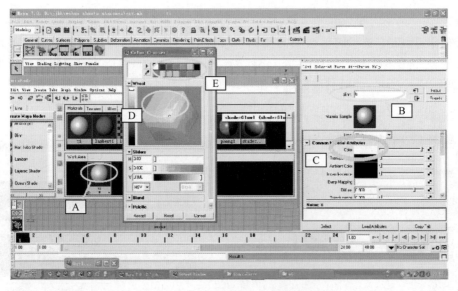

图 12.10　渲染材质的更名与颜色设置操作

第 13 章　归纳调整新图层与快捷小按键制作

本章是在经过归纳调整的新图层上完成快捷小按钮的制作,主要讲述如何将机身图层隐藏再建一个新图层,完成小按键制作及赋予其材质,以及如何将以后要制作的部件及相关视图归纳调整到该图层,以减少其他图层的干扰,达到操作方便、提高设计效率之目的。在设计过程中,由于会经常使用到这种行之有效的操作方式,希望你在实践中不断加深理解,很好掌握并加以灵活运用。

13.1　新图层的调整与归纳

1. 选择图层与放入目标对象

选中所要物体后将光标置于图层 nd 上,右击鼠标,选择 Add Selected Objects 命令,将所选的部件对象放入到指定的图层,如图 13.1 所示。

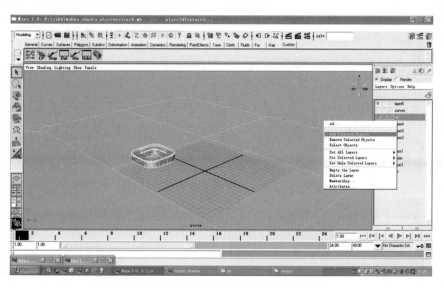

图 13.1　将选定部件对象放入指定图层

2. 创建和命名一个新图层

单击创建新图层图标(如图 13.2(A)所示),创建一个新图层,在这个图层上右击鼠标,弹出 Edit Layer 对话框,选择 Name 选项(如图 13.2(B)所示),可对新创建的图层进行命名,例如,输入图层名为 anniu,然后单击 Save 按钮(如图 13.2(C)所示)进行保存。

3. 将选定的部件对象放入命名后的新图层

选中所要物体后将光标放在名为 anniu 的新图层上,右击鼠标,选择 Add Selected Objects 命令,将所选的部件对象放入到指定的图层,如图 13.3 所示。

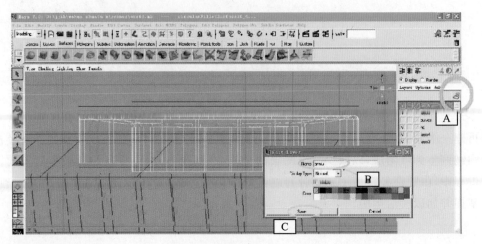

图 13.2　创建和命名一个新图层

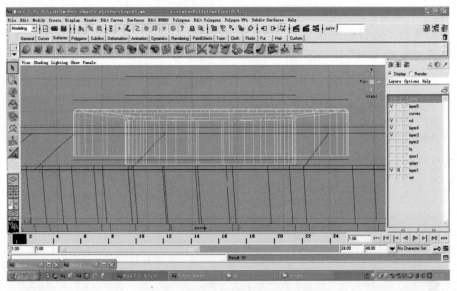

图 13.3　将选定部件对象放入命名后的新图层

4. 展现出该图层的三视图

调出三视图所在的 anniu 图层,单击此图层前面的图层显示模式选项,使字母 V 消失。图 13.4 为完成以上操作后所展现出的结果。此操作的目的是:对照贴入的三视图精确绘制对象,方便快捷小按钮的制作。

提示:在本制作过程中涉及了以前章节有关制作曲线、曲面及其修剪编辑等方面的一系列操作步骤、方法和要领,请在实践中进一步加深体会和理解。同时对于一些基础性的操作方法,也不再给以详细叙述,有些操作术语也将简化,以便给你一个自主学习和感悟的空间。

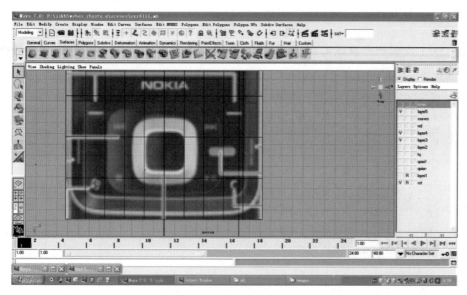

图 13.4 在三视图模型中显现出的新图层

13.2 绘制快捷小按键 CV 曲线

1. 创建一条 NURBS CV 曲线

选择 Create|CV Curve Tool 命令,创建一条 NURBS CV 曲线。按照 Top 视图的形状,用 CV 曲线精确地绘制一条小快捷按钮的外框,如图 13.5 所示。

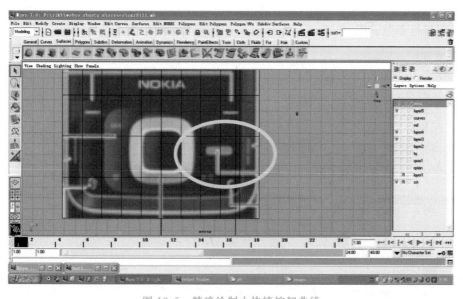

图 13.5 精确绘制小快捷按钮曲线

2. 绘制曲线形状

注意：绘制一半曲线之后（如图 13.6 所示），再镜像复制另一半曲线，然后进行连接曲线和闭合曲线操作。

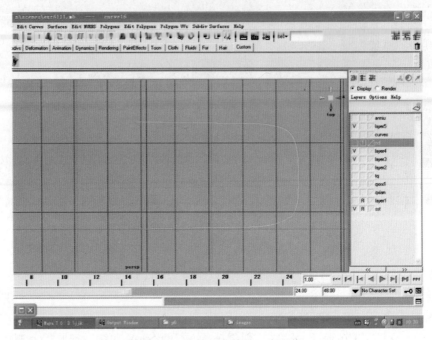

图 13.6　小按钮曲线的一半形状

镜像复制另一半曲线：单击 Edit | Duplicate 后面的方块，弹出 Duplicate Options 对话框，在其中进行参数设置，将 Scale X、Scale Z 的值都设为－1，如图 13.7 所示。

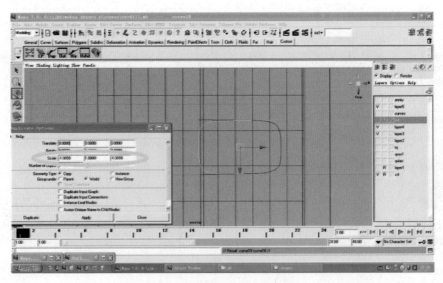

图 13.7　镜像复制另一半曲线

其次,进行曲线的连接,操作过程是:对照三视图,精确调整好曲线的大小和位置,按住 Shift 键同时选中外框的两条 CV 曲线,选择 Edit Curves|Attach Curves 命令,曲线变成绿色,表示已经合并成为一条曲线,如图 13.8 所示。如需调整参数,可单击 Edit Curves|Attach Curves 命令后面的方块,在出现的 Attach Curves Options 对话框中进行参数设置。

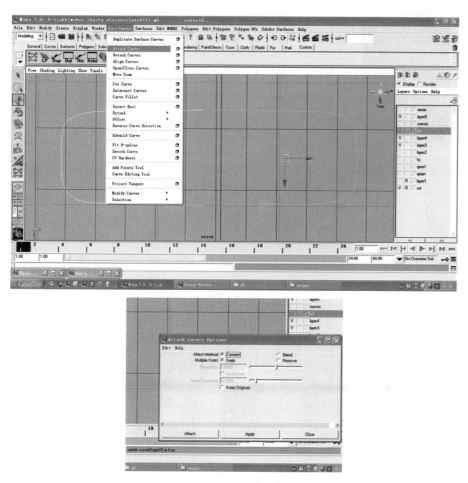

图 13.8 连接曲线操作

最后,进行曲线的闭合操作,其操作过程是:选择 Edit Curves|Open/Close Curve 命令,在弹出的 Open/Close Curves Options 对话框中单击 Blend 单选按钮再单击 Open/Close 按钮,完成曲线闭合操作,如图 13.9 所示。

3. 继续调整曲线形状

对照三视图,按 F8 键继续对曲线形状进行细微调整,如图 13.10 所示。

注意:先绘制一半曲线,复制曲线,再结合曲线,这样做出来的曲线的点比较对称和规整,不仅便于进行精确调整,也更便于以后进行导角、打孔、修剪等编辑方面的操作。注意:要在不断的领悟过程中进行熟练掌握。

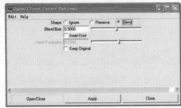

图 13.9　曲线的闭合操作

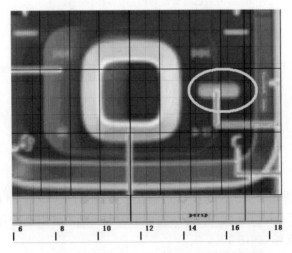

图 13.10　对照三视图对曲线进行更精确的调整

13.3　绘制多媒体小按键的侧曲面

1. 删除曲线绘制过程的历史记录

单击删除图标(如图 13.11(A)所示),删除已绘制快捷键小按键曲线的历史记录。

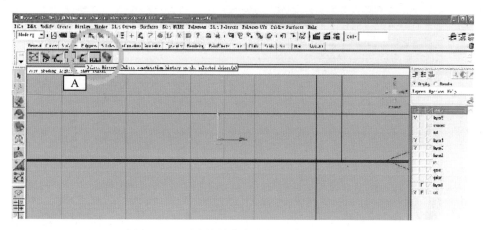

图 13.11 删除按键曲线绘制过程的历史记录

2. 闭合曲线的复制、位置移动与 Loft 放样

单击复制对象快捷图标(如图 13.12(A)所示)复制这条曲线,选取复制的曲线,单击移动工具图标(如图 13.12(B)所示)将复制出的曲线移动到合适的位置。

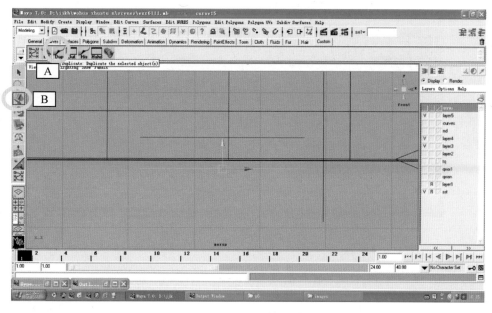

图 13.12 复制这条曲线

依次选中这两条曲线,单击 Loft 快捷图标(如图 13.13(A)所示),执行 Loft(放样)命令,放样形成的 NURBS 曲面如图 13.14 所示。

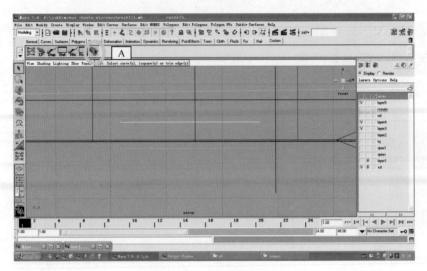

图 13.13　单击 Loft 快捷图标

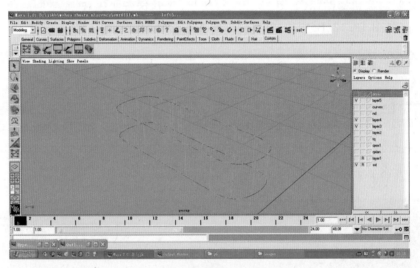

图 13.14　放样形成的 NURBS 侧曲面

13.4　制作按键的顶面曲面

1. nurbsPlane 平面的创建与参数设定

单击创建 nurbsPlane 图标(如图 13.15(A)所示),创建一个 nurbsPlane 平面,在参数设置框中进行有关参数的设置(如图 13.15(B)所示)。

2. 侧曲面的角圆滑操作与参数设定

选择 Plane 平面与侧面曲面为目标对象,进行曲面的角圆滑操作,其操作过程是:单击 Edit NURBS|Surface Fillet|Circular Fillet 命令后面的方块,在弹出的 Circular Fillet Options 对话框中,将倒角圆滑参数(如图 13.16 所示),Radius 设定为0.032,单击 Fillet 按钮,完成侧曲面的角圆滑操作,如图 13.17 所示。

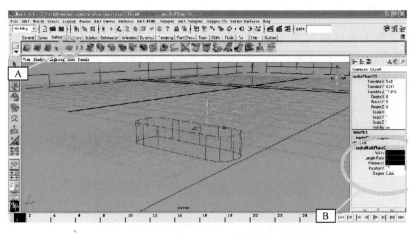

图 13.15　nurbsPlane 平面的创建与参数设定

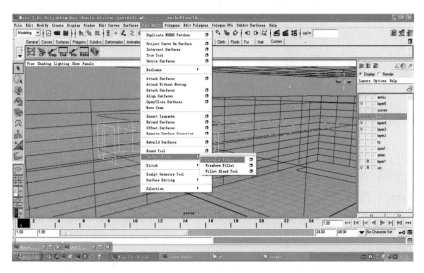

图 13.16　选取侧曲面的角圆滑操作

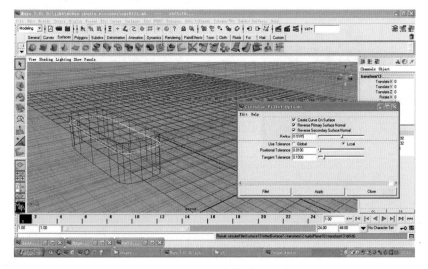

图 13.17　角圆滑参数的设定

3. 进行 Loft 曲面的打孔修剪操作

选取 Loft 曲面为目标对象,进行打孔修剪工作,其操作过程是:选择 Edit NURBS|Trim Tool 命令,出现白色框线图,选择需要留下的部分,出现一个黄色点,单击 Enter 键,即完成打孔修剪部分,如图 13.18 所示。

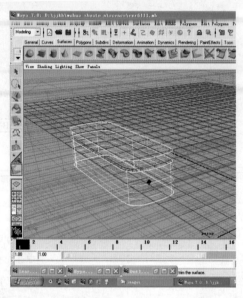

图 13.18　选择 Loft 曲面进行修剪操作

4. 进行 Plane 平面的打孔修剪操作

选择 Plane 平面为目标对象,选择 Edit NURBS|Trim Tool 命令,出现白色框线图,选取需要留下的部分,出现一个黄色点,单击 Enter 键,完成 Plane 平面的打孔修剪,如图 13.19 所示。

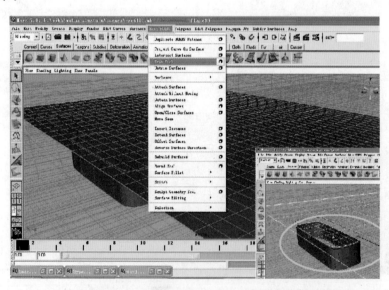

图 13.19　选择 Plane 平面进行打孔操作

5. 展现制作完成的三视图效果

经过以上制作,绘制出的快捷小按键三视图效果如图 13.20 所示。

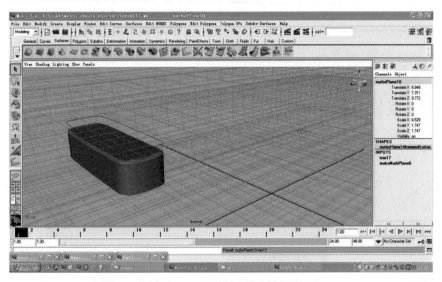

图 13.20　制作小按键的三视图效果

13.5　小按键材质的渲染

1. 将已创建的机体材质附着到小按键上

进入 Hypershade 渲染编辑器后,选择小按键为目标对象,调出材质编辑窗口,将光标放置于节点关系图的 t1 上,右击鼠标,选择 Assign Material To Selection 命令,即将所选材质附着到所选的目标对象上,如图 13.21 所示。

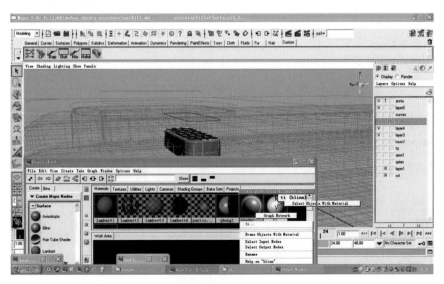

图 13.21　将渲染机体的材质附着到小按键上

2. 再创建一个新材质

为使小按键的材质颜色与机体有所区别,可以再创建一新材质,其操作过程是:单击Blinn 图标(如图 13.22(A)所示),创建一种 Blinn 材质;将其名称改为 anniuse(如图 13.22(B)所示);单击 Color 选项(如图 13.22(C)所示),对颜色进行调整(如图 13.22(D)所示);最后,单击 Save 按钮(如图 13.22(E)所示)将材质的色彩设定。

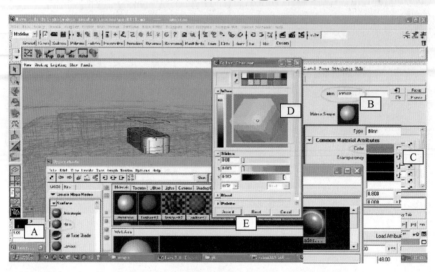

图 13.22　新材质的创建及其颜色的设定

3. 将新材质附着在所选小按键上

选择主按钮和快捷按钮,调出材质编辑窗口,将鼠标放于节点关系图的 anniuse 上,右击鼠标,选择 Assign Material To Selection 命令,将所选材质附着到所选物体之上,如图 13.23 所示。

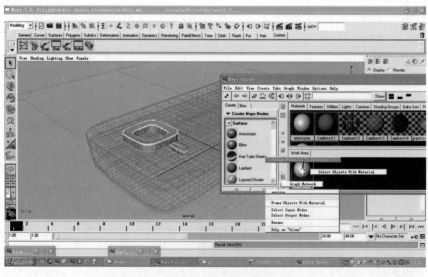

图 13.23　小按键的新材质渲染结果

13.6 切换显示模式观看整体效果

切换显示模式最简洁的方法是：单击数字键5,即可在三维视图中直接观看到制作完成小按键后的整体效果,如图 13.24 所示。

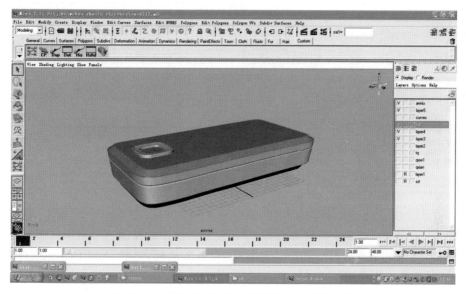

图 13.24 制作完成后在三维视图中的整体效果

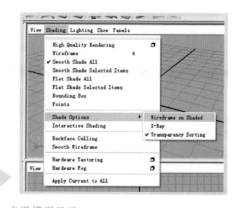

可以选择Shading|Shade Options|Wireframe on Shaded命令,将前面的对钩去掉,如图13.25所示。

图 13.25 光滑模型显示

13.7 图层的进一步归纳与优化

进一步归纳与优化图层的目的是：便于对设计好的目标对象进行管理,方便调用与设计操作。在实践中你将会逐渐发现：它的应用便捷性会给你的设计操作带来诸多的好处。

1. 新图层的创建及其更名

单击创建图层的图标(如图 13.26(A)所示),创建一个新图层,双击此图层,弹出对话框；将此图层名称改为 yuanshicemian(如图 13.26(B)所示)，单击 Save 按钮(如图 13.26(C)所示)。

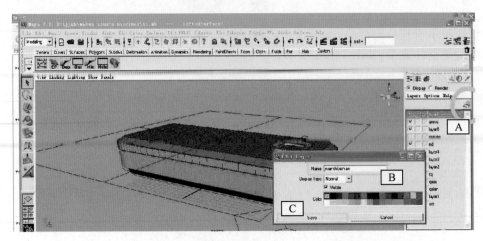

图 13.26　创建一个新图层并进行改名

2. 将选择的目标对象放入改名后的图层

如图 13.27 所示，选择手机侧面曲面，单击复制快捷图标复制一个侧面曲面。选中原始的侧面曲面，将鼠标放在 yuanshicemian 图层上，右击鼠标，选择 Add Selected Objects 选项，将所选物体放入指定图层中。

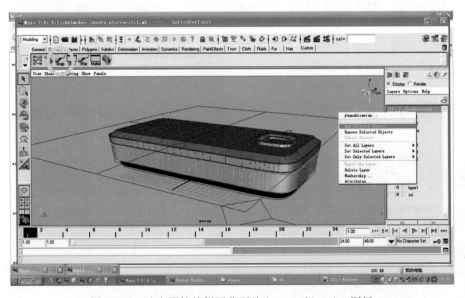

图 13.27　选中原始的侧面曲面放入 yuanshicemian 图层

补充操作实践——以不同视图观看整体设计效果

1. 光滑模型显示方式

选择 Shading|Shading Options|Wireframe on Shaded 命令，将前面的对钩去掉，如

图 13.28 所示。

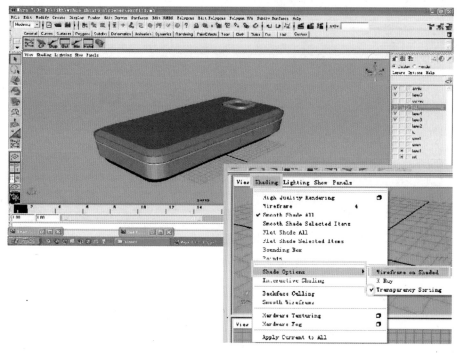

图 13.28 较光滑的模型显示方式

2. 用创建的摄像机从不同的视角去观察

选择 Create|Cameras|Camera 命令创建一个摄像机,选择此摄像机,选择 Panels|Look
Through Selected(从所选物体观看)命令,如图 13.29 所示,不断调整视角进行观看,可实现
从不同的角度观察物体整体效果,如图 13.30 所示。

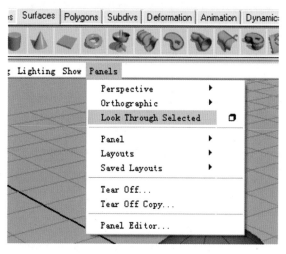

图 13.29 创建摄像机的操作

图 13.30　在摄像机中从不同的角度去观察

第 14 章　机体侧面扬声窗口的制作

本章是在完成机体制作的基础上,先运用归纳优化图层的方法,创建一个新的工作图层,然后再完成侧面两个扬声窗口与蜂鸣器窗口的制作工作。本章只对主要的制作思路和操作步骤给予叙述,其基本操作与以前章节的类同部分不再赘述,其目的是让你在学习实践过程中不断加深理解和感悟。

14.1　创建一个工作图层

1. 先选取一个要复制的图层

第 13.7 节中已复制了一个侧面并且将原始的侧面放入 yuanshicemian 图层中。

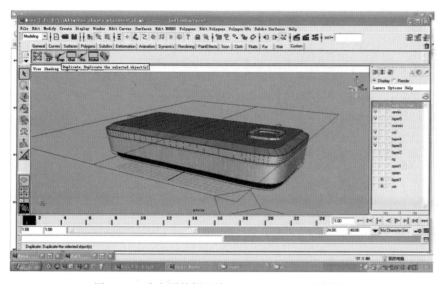

图 14.1　确定原始侧面放入 yuanshicemian 图层中

2. 创建新图层并将其更名

创建一个新图层,双击此图层后,将其图层名称更改为 cemian,单击 Save 按钮保存,如图 14.2 所示。

3. 再把复制出的侧曲面放入新图层中

选取侧面曲面,将光标放在 cemian 图层上,右击鼠标,选择 Add Selected Objects 命令,将所选对象放入指定的图层 cemian 中,如图 14.3 所示。

4. 适当移动三视图贴图曲面在三维视图中的位置

单击三视图贴图曲面所在图层前面的图层显示模式选项,使字母 R 消失。为制作时不会把绘制的曲线挡住,需要适当移动三视图贴图曲面的位置。图 14.4 为移动工作图层(cemian)后在三维视图中所显示的位置。

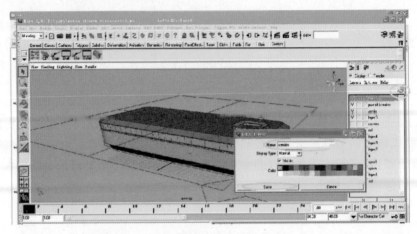

图 14.2　创建新图层并将其改名

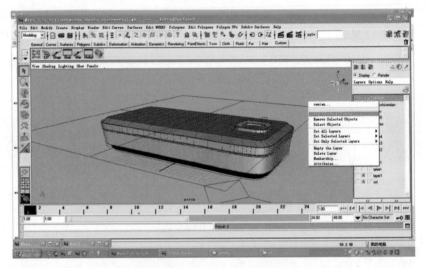

图 14.3　把选取的侧面曲面放入指定图层中

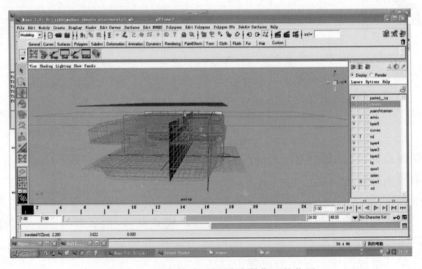

图 14.4　适当移动三视图贴图曲面的位置

14.2 绘制前侧面的扬声窗口曲线

1. 创建一条 CV 曲线

单击创建曲线快捷图标(如图 14.5(A)所示)或单击 Create|CV Curve Tool 命令,然后,对照如图 14.5(B)所示的视图曲线精确绘制。

注意:绘制时的选点不要太多,最好要对称分布好。

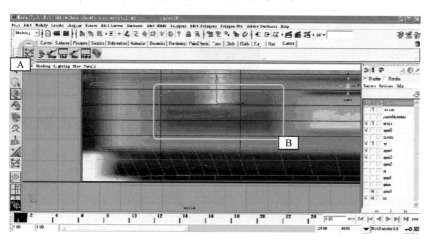

图 14.5 创建与对称绘制出一条 CV 曲线

2. 曲线的复制与参数设置

选取要复制的对象后,选择 Edit|Duplicate 命令,在弹出的 Duplicate Option 参数设置框中将 Scale Y 的参数值设置为−1,最后单击 Duplicate 按钮,如图 14.6 所示。

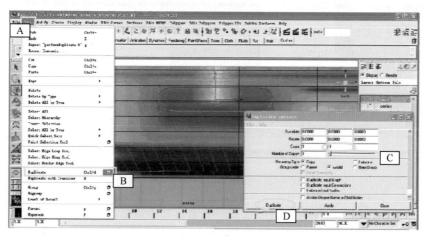

图 14.6 曲线的复制与参数设置

3. 进行曲线连接

仔细观察曲线在视图中的大小与位置,移动调整好位置后,再进行连接操作。按住 Shift 键用鼠标同时选中两条 CV 曲线为连接对象,单击 Edit Curves|Attach Curves 后面的

方块,在弹出的参数设置框中进行参数设置后,单击 Attach 按钮,曲线颜色变成绿色表示已连接成一条曲线,如图 14.7 所示。

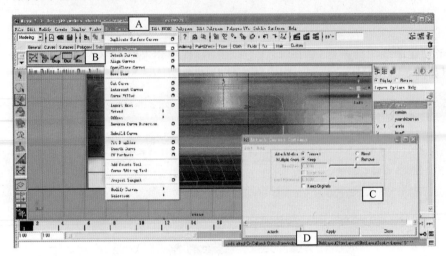

图 14.7　进行曲线的连接操作

4. 完成曲线闭合

选择 Edit Curves|Open/Close Curve Options 命令,在弹出的参数设置框中单击 Blend 单选按钮后,再单击 Open/Close 按钮,完成曲线闭合操作。

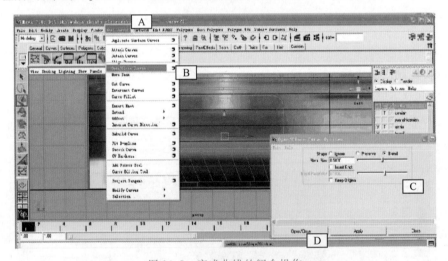

图 14.8　完成曲线的闭合操作

5. 展现绘制的曲线形状并且将曲线中心点位置移动到曲线中心

图 14.9 为经过以上绘制的曲线形状显示效果。如不满意,可再调整、修改或重新制作。单击左上角(如图 14.9(A)所示)的移动中心点快捷图标,或者选择 Modify|Center Pivot,将曲线中心点移动到曲线中心。

6. 复制绘制好的曲线,删除曲线历史记录

将这条曲线复制一条,删除曲线的历史记录,如图 14.10 所示。

单击复制对象快捷图标,再复制一条曲线并且将曲线位置移动到如图 14.11 所示位置。

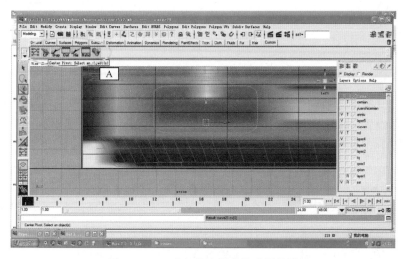

图 14.9 显示出的绘制曲线形状效果

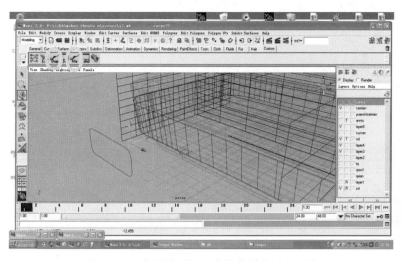

图 14.10 复制绘制好的曲线并删除历史记录

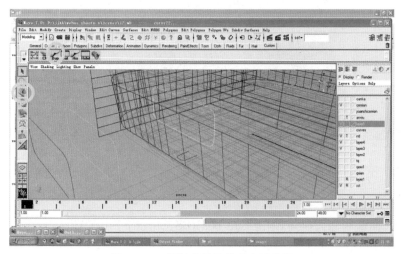

图 14.11 复制曲线并放在合适位置

14.3　绘制前侧窗口的曲面及其修剪打孔

1. 放样出一个 NURBS 曲面

先选取已复制的两条曲线为目标对象,然后选择 Surface|Loft 命令,在弹出的参数设置框中进行参数设置(如图 14.12(a)所示),最后单击用 Loft 命令放样出一个 NURBS 曲面来。注意:图 14.12(b)所示为 Loft 放样形成的 NURBS 曲面。

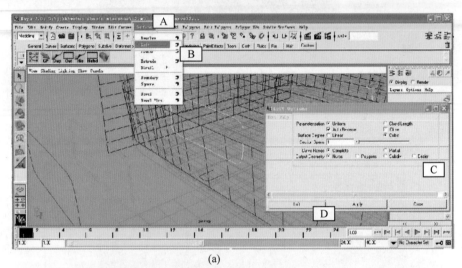

(a)

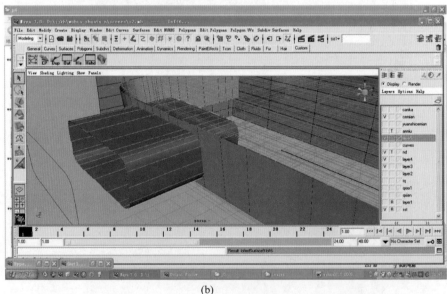

(b)

图 14.12　Loft 放样操作及形成的 NURBS 曲面

2. 进行前侧面窗口曲面的倒角圆滑操作

选择 Loft 曲面和侧面曲面,单击 Edit NURBS|Surface Fillet|Circular Fillet 后的方块,对 Circular Fillet Options 框中的参数进行设置。图 14.13(a)是将 Radius(倒角半径参数)

设置为 0.0220。然后，单击 Fillet 按钮，生成如图 14.13(b)所示的白色导角曲面。

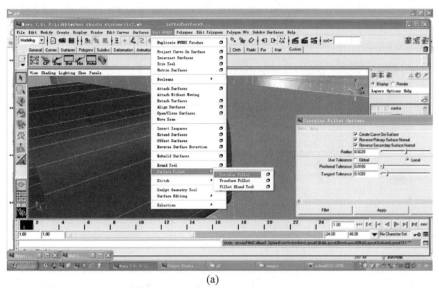

(a)

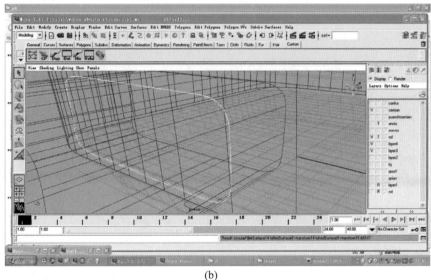

(b)

图 14.13　窗口表面角的圆滑操作

3. 进行前侧窗口曲面的修剪

选择手机侧曲面进行修剪，选择 Edit NURBS|Trim Tool 命令，曲面变为白色框线，单击需要留下的对象区域，出现一个黄色点，然后按 Enter 键，完成侧曲面的修剪工作，如图 14.14 所示。

4. 进行前侧窗口曲面的打孔

选择 Loft 曲面，单击 Edit NURBS|Trim Tool 命令，Loft 曲面变为如图 14.15(a)所示的白色框线，单击需要留下的对象，按 Enter 键，图 14.15(b)是完成对 Loft 曲面打孔的视图效果。

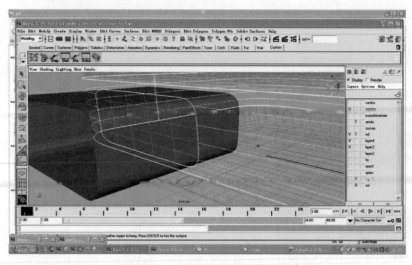

图 14.14　窗口侧曲面的修剪操作

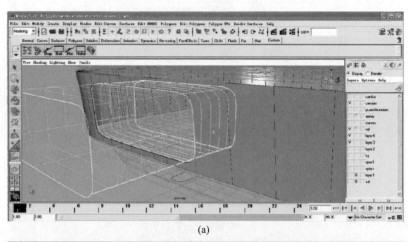

(a)

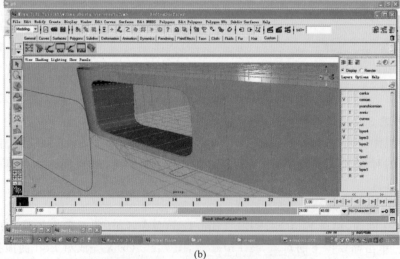

(b)

图 14.15　扩音器一侧侧曲面制作完成

14.4　绘制后侧窗口的曲面及其修剪打孔

1.　再放样出来一个 NURBS 曲面

为放样绘制另一侧扬声窗口的曲面,再复制出两条已绘制好的窗口曲线,移动放置到适当的位置。同时选择这两条窗口曲线,选择 Surfaces|Loft 命令,放样形成 NURBS 曲面,如图 14.16 所示。

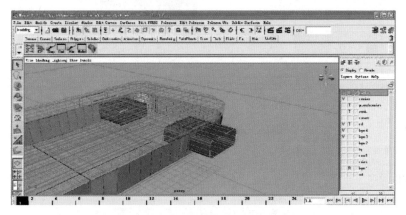

图 14.16　放样出的窗口 NURBS 曲面

2.　进行窗口曲面的倒角圆滑操作

选择 Loft 曲面和侧面曲面,选择 Edit NURBS|Surface Fillet|Circular Fillet 命令,对 Circular Fillet Options 参数设置框中的参数进行设置,将 Radius(导角半径参数)设定为 0.0220,如图 14.17(a)所示,操作后生成白色的导角曲面,如图 14.17(b)所示。

3.　进行曲面的修剪

选择侧面曲面,选择 Edit NURBS|Trim Tool 命令,曲面变为白色框线,如图 14.18(a)

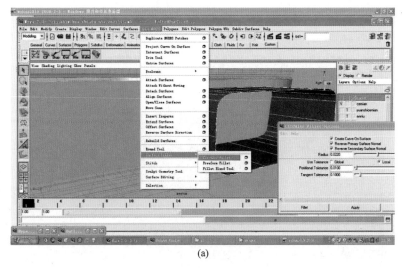

(a)

图 14.17　生成白色的导角曲面

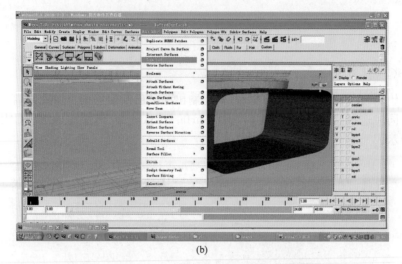

(b)

图 14.17(续)

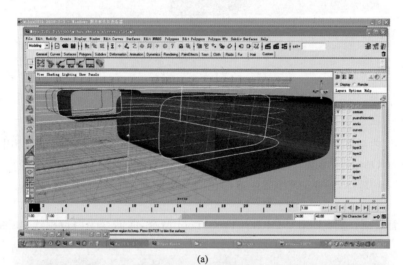

(a)

(b)

图 14.18　另一侧扩音器修剪工作

所示,单击需要留下的区域,出现一个黄色点,然后按 Enter 键,完成侧曲面的修剪工作,如图 14.18(b)所示。

4. Loft 曲面进行打孔

选择 Loft 曲面,选择 Edit NURBS | Trim Tool 命令,Loft 曲面变为白色框线,如图 14.19(a)所示,单击需要留下的对象,出现一个黄色点,按 Enter 键,完成对 Loft 曲面打孔的工作,如图 14.19(b)所示。

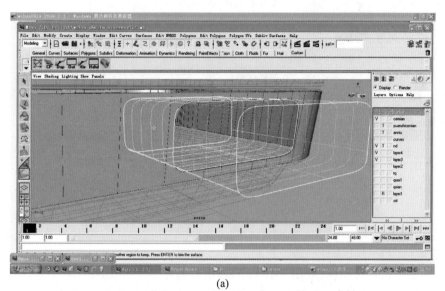

(a)

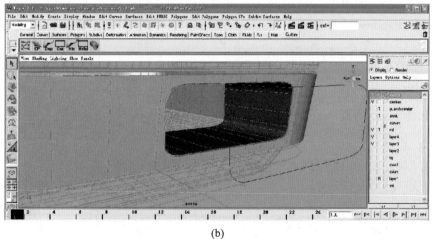

(b)

图 14.19　另一侧扩音器制作完成

14.5　观看两个扬声窗口绘制的整体效果

基本完成以上两个扬声窗口的制作后,可观看一下整体制作效果,如图 14.20 所示。

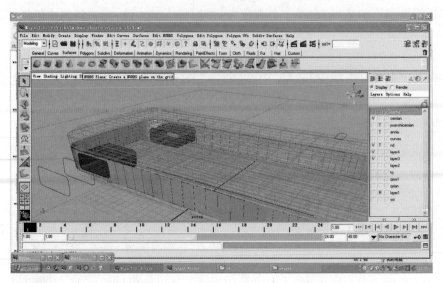

图 14.20　两侧扬声窗口绘制的整体效果

补充实践操作——蜂窝扬声窗口的制作

1. 创建一个 nurbsPlane 平面

单击创建平面快捷图标（如图 14.21（A）所示），创建一个 nurbsPlane 平面，在参数设置框中进行参数设置（如图 14.21（B）所示），将 Width 设置为 4，将 Length Ratio 设置为 2，将 Patches U 和 Patches V 均设定为 11 。

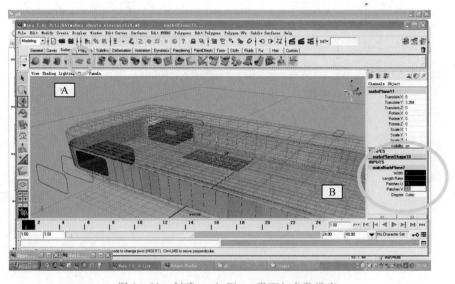

图 14.21　创建 nurbsPlane 平面与参数设定

2. 旋转调整 nurbsPlane 平面方位

选择平面，用移动和旋转工具（如图 14.22（A）所示）将平面放到合适的位置；也可以在参数选择框(如图 14.22(B)所示)中直接输入参数设定。

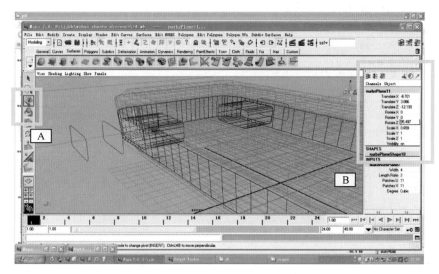

图 14.22　旋转调整 nurbsPlane 平面方位

3. 继续细微调整 nurbsPlane 的位置

可参照三视图对蜂窝扬声器平面继续进行位置调整。可以在参数选择框中直接输入参数,将 Translate X 设置为 8.756,将 Translate Y 设置为 3.068,将 Translate Z 设置为 -12.199,将 Rotate Z 设置为 84.366,如图 14.23 所示。

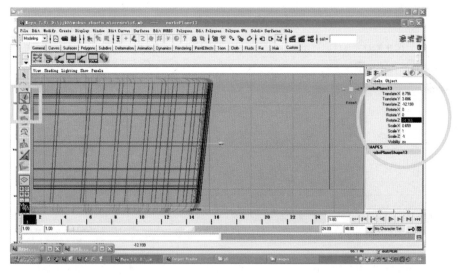

图 14.23　继续移动调整 nurbsPlane 平面位置

14.6　优化管理对象和图层

1. 调出三视图并移开侧面所在平面

调出三视图并移动侧面所在的平面位置,目的是:在以后渲染制作过程中,绘制出的曲线不会被遮挡住,能将其清晰地展现出来。将已制作完成的扬声窗口曲面保留,而把其他图层和对象隐藏起来,如图14.24所示。

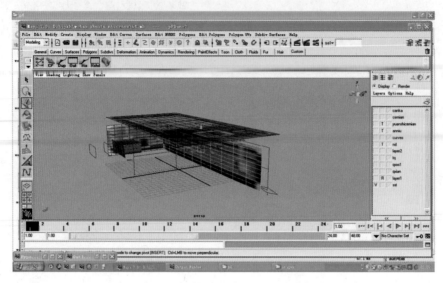

图14.24 移开三视图侧面所在平面并将其他曲面隐藏

2. 新图层的创建及更名

创建一个新的图层,将光标置于新图层上,双击,在图层编辑栏中将其改名为xincemiande,如图14.25所示。

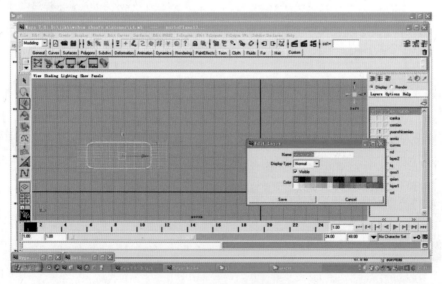

图14.25 新图层的创建与改名

3. 将所选窗口放入指定图层中

选中扬声窗口曲面部分,将光标放在xincemiande图层上,右击鼠标,选择 Add Selected Objects命令,将所选目标对象放入指定图层中,然后关闭xincemiande图层的V显示功能,将扬声器曲面隐藏,以方便对其他对象进行编辑。

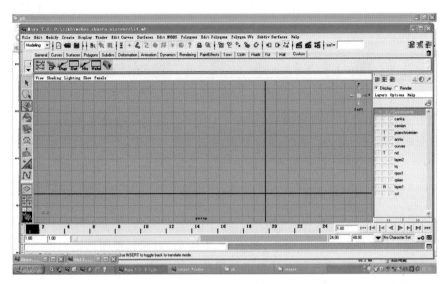

图 14.26　关闭 xincemiande 图层的 V 显示功能将扬声器曲面隐藏

提示：关于手机蜂窝扬声窗口的后续制作及后面赋予扬声器以材质的操作方法,请参考制作侧面扬声窗口的章节,发挥自己的才智进行制作。

第 15 章　音量调节键的制作

本章旨在通过对音量调节按键的制作,进一步提高实践操作的熟练程度,加强对曲面工具的灵活结合与配套运用的能力。因此,在案例的绘制步骤示图中,不再进行提示性的操作标注。

15.1　绘制音量调节键的轮廓曲线

1. 创建一条 CV 曲线

选择 Create|CV Curve Tool 命令,如图 15.1 所示,对照三视图精确创建一条绘制音量调节键的 CV 曲线。当然,也可以直接单击创建曲线快捷图标进行创建。

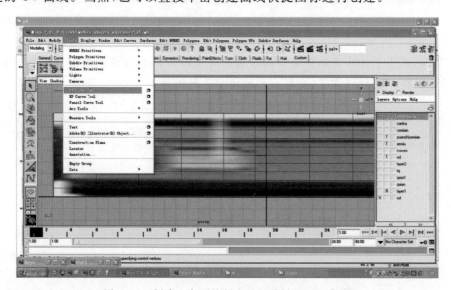

图 15.1　创建一条要绘制音量调节键的 CV 曲线

2. 移动调整绘制曲线的中心位置

对照三视图精确绘制 CV 曲线时,注意:绘制时点不要太多,要分布好,最好对称。单击 CenterPivot 快捷图标,如图 15.2 所示,使曲线的中心点的位置移动到曲线的中心。也可以采用非快捷方式,选择 Modify|Center Pivot 命令。

按 Insert 键,用移动工具继续调整曲线的中心位置,使它移动到曲线一端,这样做对后面镜像复制时会比较有利。如图 15.3 所示。

移动调整好中心位置之后,按 Insert 键返回物体模式,如图 15.4 所示。

3. 进行曲线复制与参数设置

单击 Edit|Duplicate 命令后面的方块在弹出的 Duplicate Options 对话框中进行参数设置,将参数 Scale Z 的值设为-1,单击 Duplicate 按钮,如图 15.5 所示。此时复制出了一条绿色的曲线。

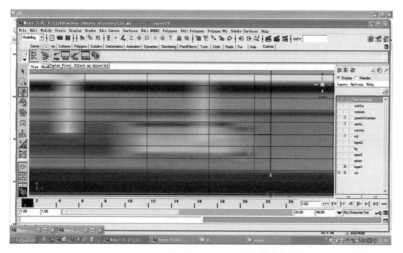

图 15.2 移动调整绘制曲线中心位置

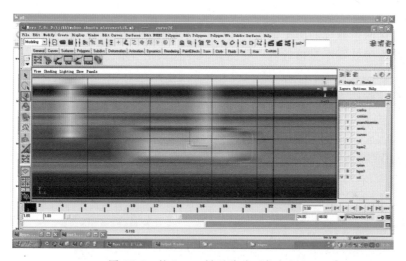

图 15.3 按 Insert 键后移动对象中心

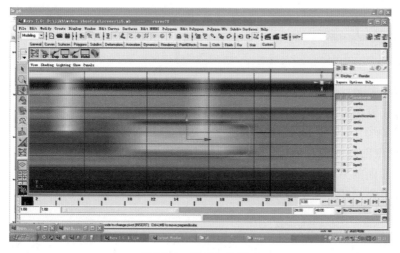

图 15.4 返回物体模式

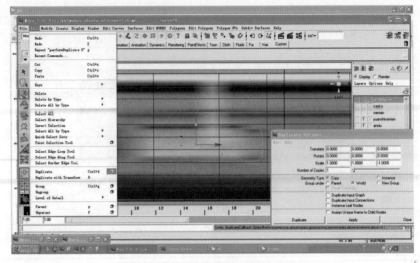

图 15.5　进行曲线的复制与参数设置

最好删除这两条曲线的历史记录。按照在三视图中的尺寸大小和位置进行移动调整，注意两条曲线连接处要尽量接近但不要交叉，如图 15.6 所示。

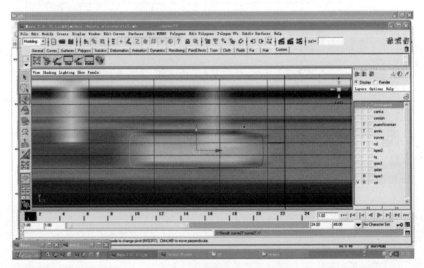

图 15.6　调整两条曲线的位置

4. 曲线的连接与闭合

按住 Shift 键的同时，鼠标选取要进行闭合的两条 CV 曲线，选择 Edit Curves|Attach Curves 命令，如图 15.7 所示，进行曲线连接。也可以在参数设置框中对参数进行设置。

连接成功则曲线变成绿色，再进行曲线闭合操作：单击 Edit Curves|Open/Close Curve Options 命令后面的方块，在弹出的参数设置框里单击 Blend 单选按钮，单击 Open/Close 按钮，完成曲线闭合，如图 15.8 所示。

5. 删除有关绘制曲线的历史记录

对绘制曲线的形状再进行精细调整，如满意后，此时最好删除这条曲线的历史记录。选中这条曲线，单击删除对象历史记录快捷图标删除所选择的曲线历史记录，如图 15.9 所示。

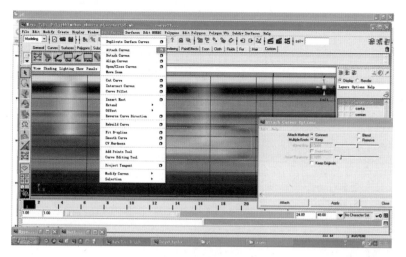

图 15.7　连接曲线操作

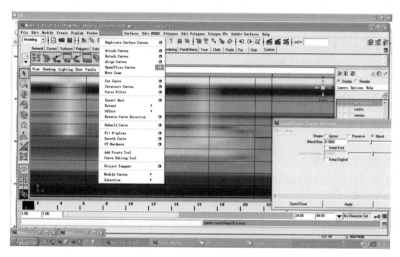

图 15.8　曲线的闭合操作

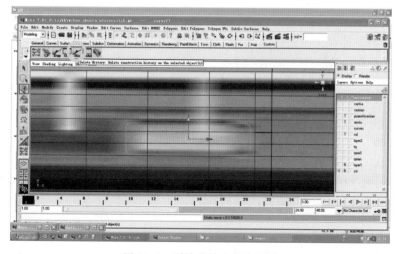

图 15.9　删除曲线的历史记录

15.2　音量控制按键槽曲面的制作

1. 调出 cemian 图层

将调出的三维视图图层(sst)移动到中心位置,隐藏图层 sst 后,调出 cemian 图层,如图 15.10 所示。

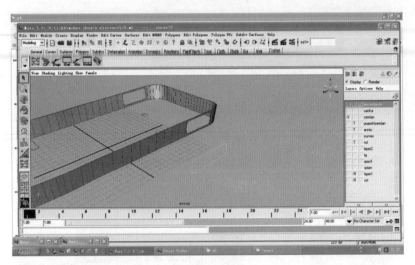

图 15.10　绘制工作图层的选择与方位调整

2. 移动调整曲线位置

参照三视图,在 Right 视图中调整曲线的位置,如图 15.11 所示,用来制作电话的音量调整按钮。

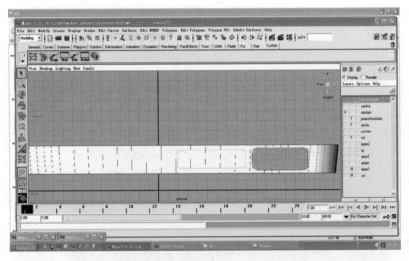

图 15.11　将曲线放在合适的位置

3. Project Curve On Surface(投影曲线到曲面)操作

如图 15.12 所示,同时选中曲线和电话侧面曲面。

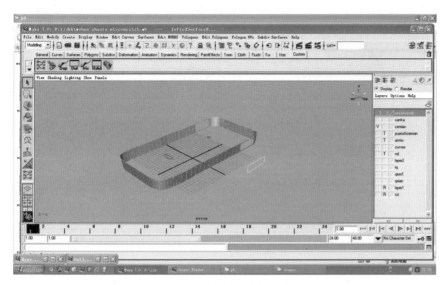

图 15.12　同时选中曲面和曲线

切换到 Right 视图中，如图 15.13 所示。

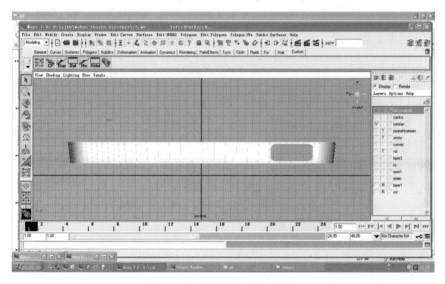

图 15.13　切换到 Right 视图中

　　单击 Edit NURBS|Project Curve On Surface 命令后面的方块，在弹出的参数设置框进行设置，在 Project Along 中单击 Active View（活动视图）单选按钮，在 Use Tolerance 中单击 Local 单选按钮，设置完毕后单击 Project 按钮，如图 15.14 所示，完成投影曲线到曲面命令的操作过程，如图 15.15 所示。

　　4. 删除多余的投影曲线

　　如图 15.16 所示，删除多余的投影曲线。观察发现机体前后曲面上有两投影曲线，由于音量调节按键只有一个，所以需要删除一条。选择后侧曲面上的投影曲线，按 Delete 键删除，如图 15.17 所示。

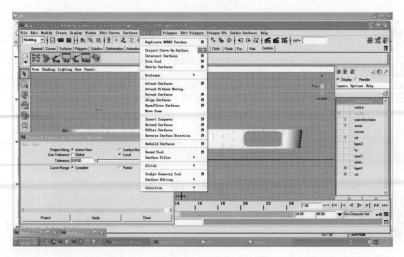

图 15.14　进行曲线到曲面的投影操作

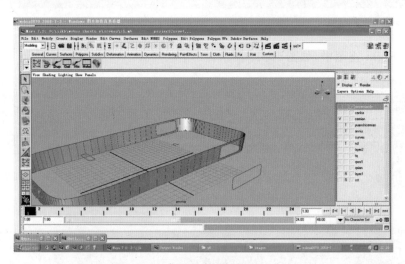

图 15.15　曲面已产生了投影的曲线

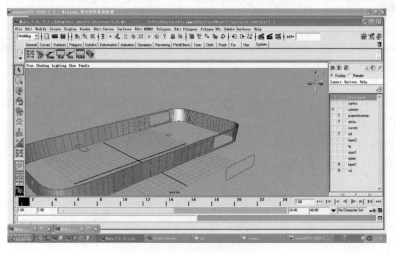

图 15.16　多余投影曲线的删除

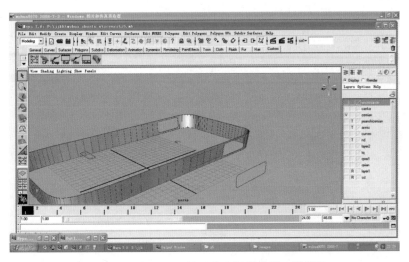

图 15.17　按 Delete 键后多余投影曲线已被删除

5. 选择侧曲面进行修剪与打孔

选中侧面曲面，选择 Edit NURBS | Trim Tool 命令，视图变为白色框线，单击需要留下的区域，出现一个黄色点，然后按 Enter 键，即完成侧面曲面的修剪打孔工作，如图 15.18 所示。

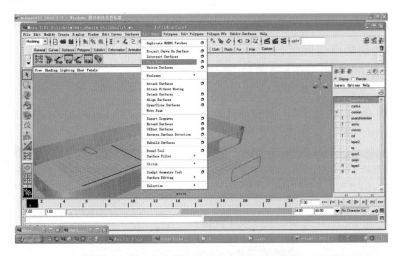

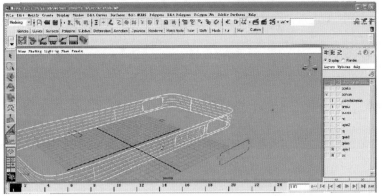

图 15.18　进行侧曲面的打孔操作

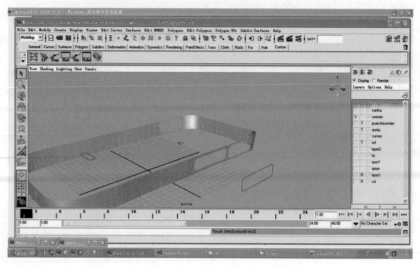

图 15.18(续)

15.3 绘制音量调节槽曲面

1. 进入 Trim Edge 模式

将鼠标移动到侧面曲面上,右击鼠标,选择 Trim Edge 命令,即进入了 Trim Edge 模式,如图 15.19 所示,单击 Trim 边曲线,曲线变成黄色。

2. 复制曲面曲线

如图 15.20 所示,选择 Edit Curves|Duplicate Surface Curves 命令,进行复制曲面曲线操作,即从侧曲面上将选取的曲线复制出来。

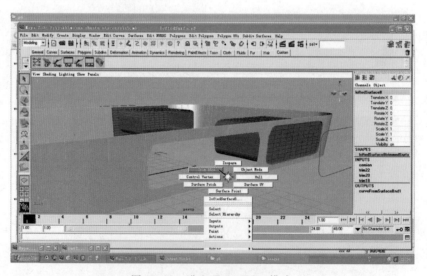

图 15.19 进入 Trim Edge 模式

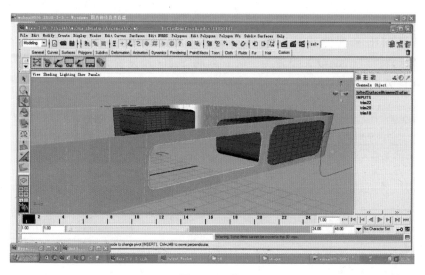

图 15.19(续)

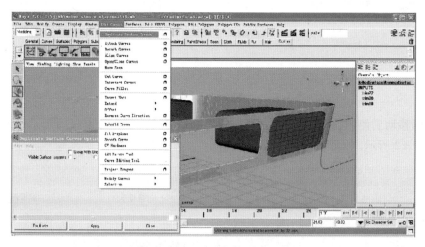

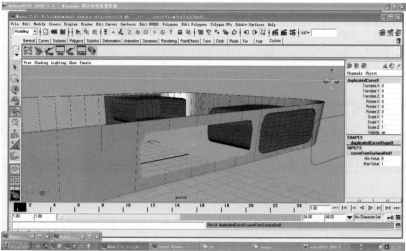

图 15.20　复制曲面曲线操作

3. 进行曲线尺寸的缩放和位置移动调整

将这条复制出来的曲线用缩放和移动工具进行调整。也可以进行参数设定,如图 15.21 所示,将 Translate X 设置为 -0.164,将 Scale X 设置为 0.906,将 Scale Y 设置为 0.85,将 Scale Z 设置为 0.947。

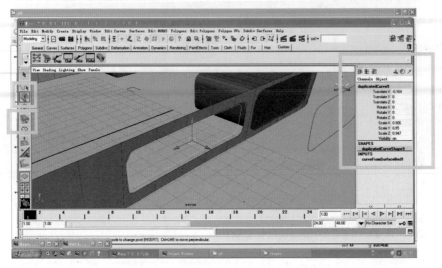

图 15.21　曲线尺寸的缩放和位置调整

4. 进入 Trim Edge 模式选择 Trim 曲线

将鼠标移动到侧面曲面上,右击鼠标,选择 Trim Edge 命令,此时已进入 Trim Edge 模式,如图 15.22 所示。

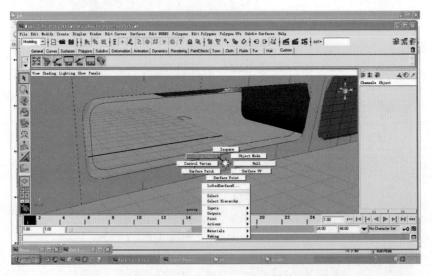

图 15.22　进入 Trim Edge 模式

选择 Trim 线,如图 15.23 所示。

5. 选取 Loft 命令放样出一个 NURBS 曲面

按住 Shift 键,同时选择刚调整大小的曲线,此时同时选中两条曲线,选择 Surfaces

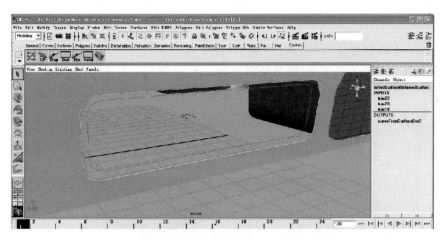

图 15.23 选取 Trim Edge 曲线

Loft 命令,执行此命令后放样出来一个 NURBS 曲面,如图 15.24 所示。此时,机身音量调节钮外槽曲面制作完成。

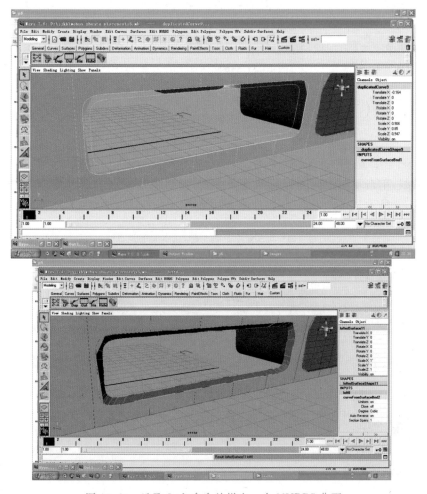

图 15.24 选取 Loft 命令放样出一个 NURBS 曲面

6. 删除历史记录

注意：有时制作好一个 Loft 曲面后，要将其曲面历史记录删除。因删除历史记录以后，对曲线进行移动等操作时，就不会影响到 Loft 曲面了。其操作是：选择 Loft 曲面后，单击删除所选对象历史记录快捷图标，将所选曲面的历史记录删除，如图 15.25 所示。

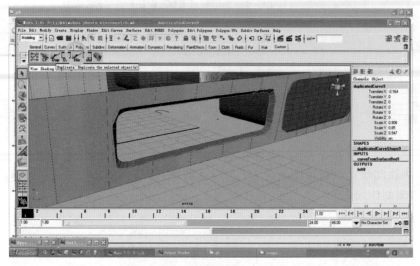

图 15.25   删除曲面历史记录

15.4   绘制整个键槽的内曲面

1. 复制移动曲线

选中曲线，单击复制快捷图标复制这条曲线，然后将复制后的曲线沿 X 轴方向移动一下，如图 15.26 所示。

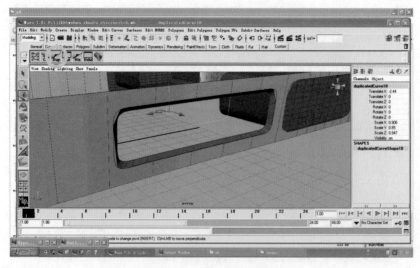

图 15.26   复制出的曲线

2. 进行 Loft 放样出一个 NURBS 曲面

依次选择两条曲线,选择 Surfaces|Loft 命令。放样出一个曲面,如图 15.27 所示。

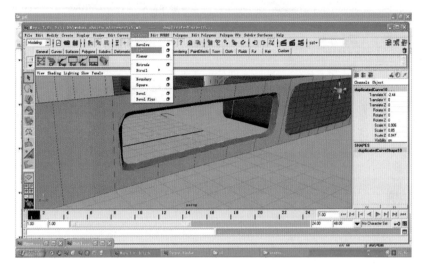

图 15.27 选取 Loft 放样出一个 NURBS 曲面

3. 删除曲面历史记录

生成 Loft 曲面后要删除此曲面的历史记录。删除历史记录之后当时生成 Loft 曲面的曲线可以自由移动而不影响曲面形状。单击删除曲面历史记录快捷图标即可删除曲面的历史记录,如图 15.28 所示。

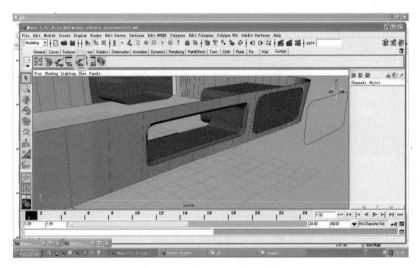

图 15.28 删除曲面历史记录

15.5 音量调节按钮的制作

1. 将曲面曲线缩小调整为制作音量调节按钮的 CV 曲线

如图 15.29 所示,选取内曲面的曲线为对象,将其稍微缩小一点,作为制作音量调节按钮的曲线。

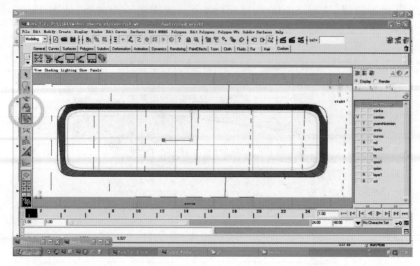

图 15.29　缩小调整曲面曲线为制作调节按钮的曲线

2. 再复制一条按钮 CV 曲线

单击复制快捷图标,复制一条曲线,并将其沿 X 轴方向移动出来,如图 15.30 所示。

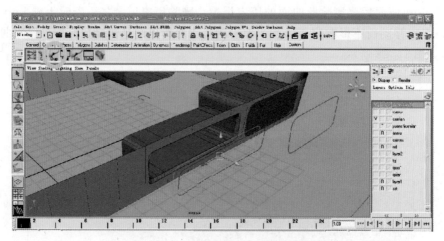

图 15.30　复制出一条按钮曲线

3. 选取 Loft 放样出一个 NURBS 曲面

如图 15.31 所示,按住 Shift 键,同时选择两条曲线,选择 Surfaces|Loft 命令,放样生成一个 NURBS 曲面,如图 15.32 所示。

4. 再复制出一个按钮平面

如图 15.33 所示,选择扩音器的 Plane 平面,单击复制快捷图标复制一个 Plane 平面;也可选择 Edit|Duplicate 命令,复制出一个 Plane 平面。

5. 进行按钮平面位置的调整

在 Front 视图中进行移动和缩放,确定曲面的位置正确。注意使 Plane 曲面大小超过下面的曲面。如图 15.34 所示。

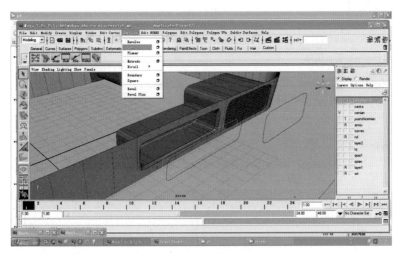

图 15.31 选取 Loft 命令放样出一个 NURBS 曲面

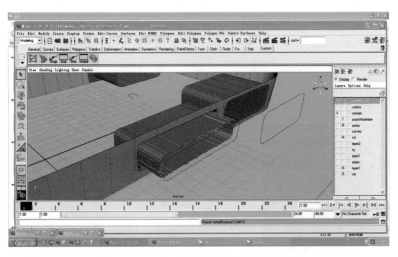

图 15.32 Loft 放样产生的 NURBS 曲面

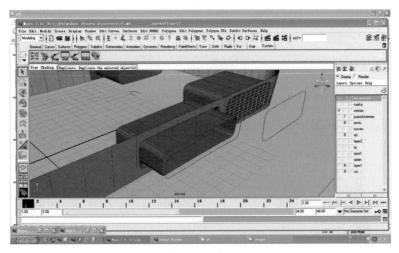

图 15.33 复制出一个 Plane 平面

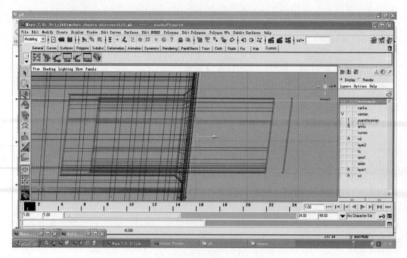

图 15.34 调整平面位置

6. 进行按钮曲面的导角圆滑操作

如图 15.35 所示,选择Loft曲面和Plane平面曲面,单击EditNURBS | SurfaceFillet |

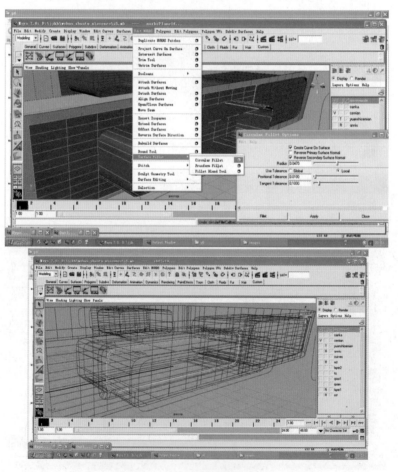

图 15.35 生成圆滑导角曲面

Circular Fillet 命令后面的方块,在弹出的 Circular Fillet Options 参数设置框中对参数进行设置,例如,将 Radius 设置为 0.0470,单击 Fillet 按钮生成白色的导角曲面。

7. 选择按钮的 Loft 曲面进行打孔修剪

如图 15.36 所示,选择 Loft 曲面后,选择 Edit NURBS|Trim Tool 命令,曲面成为白色框线,选择需要留下的区域,出现一个黄色点,然后按 Enter 键,即完成 Loft 曲面的打孔修剪工作。

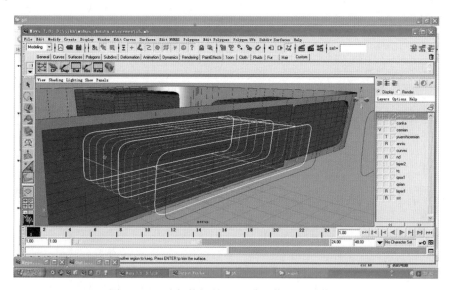

图 15.36　选择按钮的 Loft 曲面完成打孔修剪

8. 选择按钮的 Plane 平面进行打孔修剪

如图 15.37 所示,选择 Plane 平面后,选择 Edit NURBS|Trim Tool 命令,曲面成为白色框线,选择需要留下的区域,出现一个黄色点,然后按 Enter 键,即完成 Plane 平面的修剪打孔。

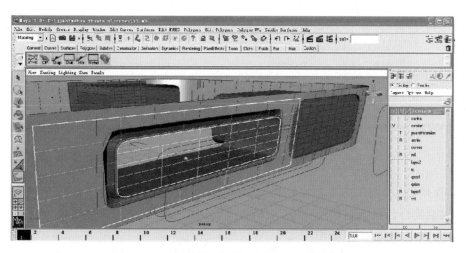

图 15.37　选择按钮的 Plane 平面进行修剪打孔

15.6 观察按钮制作的效果

1. 观看按钮的制作效果

此时,音量调整按钮制作完毕。单击观察的快捷图标或视图切换图标,可以以不同的视角观察设计制作的整体效果,如图 15.38 所示。

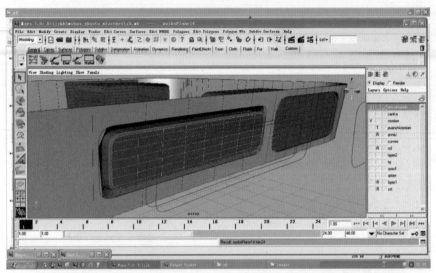

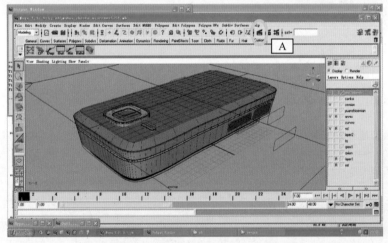

图 15.38 展现的按钮制作的整体效果

2. 整体渲染观看制作的效果

在制作精细的 NURBS 模型时,需要经常使用渲染视图的方式来看一下设计制作的整体效果,以启发自己设计制作的灵感,不断提升自己的设计创新水平。渲染观看操作如图 15.39 所示,单击渲染命令(如图 15.38(A)所示),进行渲染。

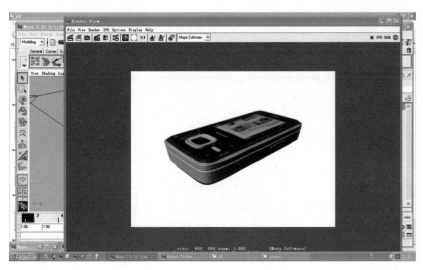

图 15.39　整体渲染观看制作的效果

15.7　将音量调节键曲面放入指定图层

1. 选中音量调节键曲面

如图 15.40 所示，首先将其他的图层隐藏，选中音量调节键部分的所有曲面，将鼠标放在 xincemiande 图层上，右击鼠标，选择 Add Selected Objects 命令，将所选物体放入指定图层中。

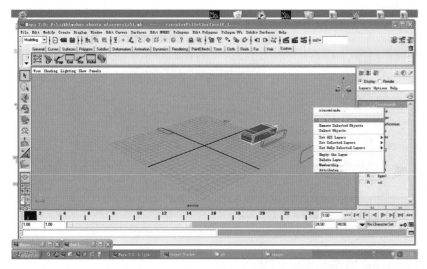

图 15.40　选取音量调节键部分所有的曲面放入 xincemiande 图层

2. 隐藏图层

如图 15.41 所示，现在扩音器曲面部分已经放入了 xincemiande 图层中，单击此图层前面的图层显示模式选项，使字母 V 消失，隐藏此图层。

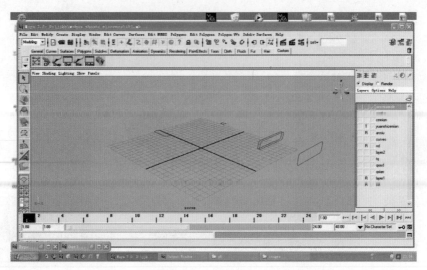

图 15.41 隐藏图层

15.8 制作电话音量调节按钮的材质

选择 Window | Rendering Editors | Hypershade 命令，调出 Hypershade 编辑器，如图 15.42 所示。

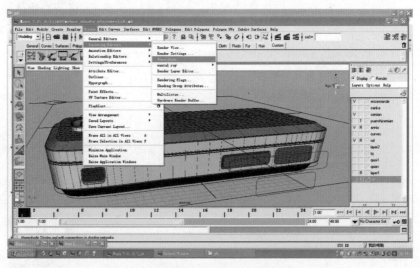

图 15.42 调出 Hypershade

也可以单击快捷图标将其调出，如图 15.43 所示。

也可以单击快捷图标将其调出。

图 15.43 单击快捷图标调出 Hypershade

新建一个 Blinn 材质,用来制作电话音量调节按钮的金属材质,如图 15.44 所示。

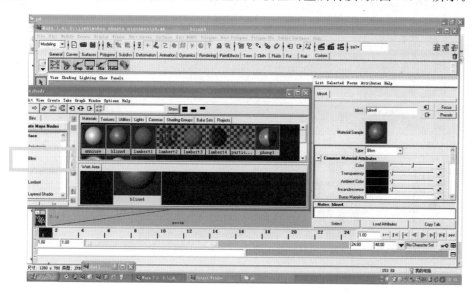

图 15.44 创建 Blinn 材质

单击 Color 后面的色块进行颜色设置,在弹出的 Color Chooser 参数设置框中对 V 值进行设置,将这个金属音量调节按钮的颜色设置为发亮的银白金属色,单击 Accept 按钮确定选择颜色,如图 15.45 所示。

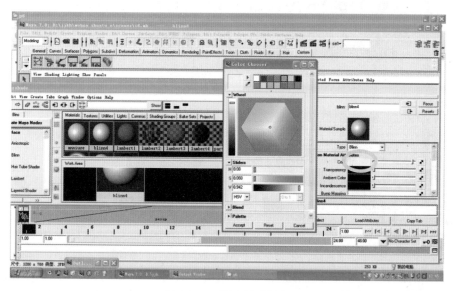

图 15.45 更改材质颜色

将材质节点的名称修改为 ceanniu,如图 15.46 所示。

选择电话音量调整按钮,如图 15.47 所示,调出材质编辑窗口,将鼠标放于节点关系图的 ceanniu 上,右击鼠标,选择 Assign Material To Selection 命令,将所选材质附着到所选物体之上,如图 15.48 所示。

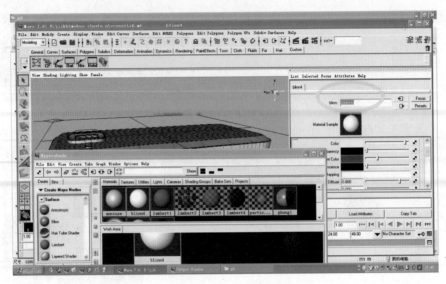

图 15.46　将材质的名称改为 ceanniu

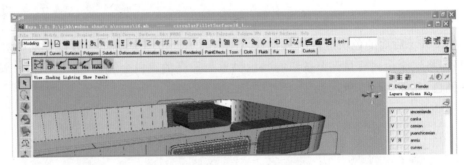

图 15.47　选择音量调节按钮曲面

图 15.48　赋予音量调节按钮材质

　　选择电话侧面的照相按钮槽的所有曲面,调出材质编辑窗口,将鼠标放于节点关系图的 ceanniu 上,右击,选择 Assign Material To Selection 命令,将所选材质附着到所选物体之上。

补充知识:渲染级别

　　单击图 15.49(A)处图标,调出渲染编辑器,Quality 下拉列表框用来设置渲染的级别。Preview Quality 表示预览渲染级别。渲染速度快,一般在粗略观看效果时经常应用。Production Quality 是渲染产品级别,是比较高的级别,渲染的细节充分,渲染所需时间也较长,一般在渲染效果图时使用。

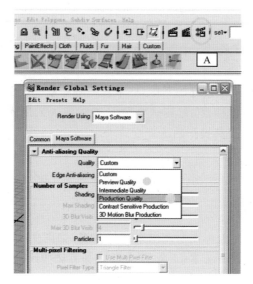

图 15.49 设定渲染级别

第 16 章　手机摄像按键的制作

本章主要通过对手机摄像按键的制作,在掌握精确绘制曲线的基础上,进一步领会如何综合运用工具制作按键与槽曲面,尤其是要很好地掌握进入所选对象 Trim Edge 模式和 Isopram 模式的操作方法,提高操作熟练程度。

16.1　绘制摄像按键槽曲线

1. 创建一条 CV 曲线

如图 16.1 所示,先将三视图图层调出来调好位置,如图 16.1 所示,单击创建曲线快捷图标或者选择 Create|CV Curve Tool 命令,创建一条 CV 曲线,如图 16.2 所示。

图 16.1　调出侧面参考三视图

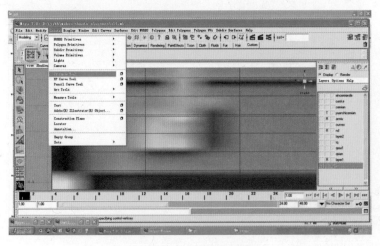

图 16.2　CV 曲线的创建

对照三视图精确绘制 CV 曲线,如图 16.3 所示,制作电话的拍照按钮。注意:绘制时点不要太多,要分布好,而且最好对称。

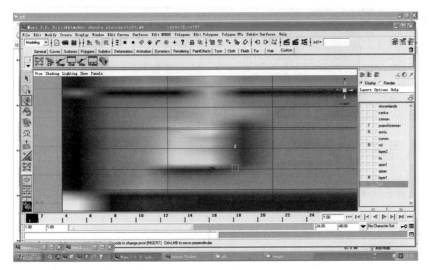

图 16.3 可以参考图中所示的点制作曲线

绘制之后曲线的形状如图 16.4 所示。

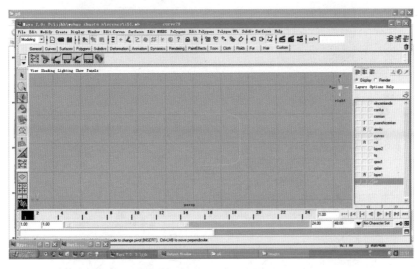

图 16.4 曲线的形状

2. 调整曲线中心点位置

选择曲线,单击 Center Pivot 快捷图标,或者选择 Modify|Center Pivot 命令,使曲线的中心点的位置移动到曲线的中心,如图 16.5 所示。

选择移动工具,可以看到现在曲线的中心位置还是比较偏,移动曲线中心位置到所需的地方,如图 16.6 所示。

按 Insert 键,移动曲线的中心位置,使它移动到曲线一端,这样后面进行镜像操作时会比较有利,如图 16.7 所示。

图 16.5　用快捷图标移动曲线的中心

图 16.6　移动曲线中心点位置

图 16.7　按 Insert 键之后移动曲线的中心点

移动调整曲线中心位置到曲线左侧之后，按 Insert 键，如图 16.8 所示。

图 16.8　调整中心点后返回曲线模式

3. 曲线的镜像复制

单击 Edit|Duplicate 命令后面的方块，在弹出的 Duplicate Options 参数设置框中，将 Scale Z 的值设置为－1，如图 16.9 所示。

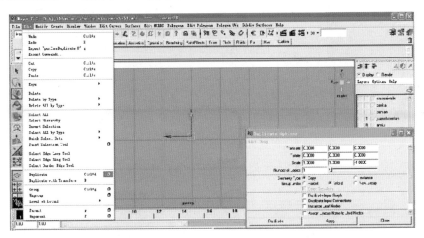

图 16.9　镜像复制曲线

在左侧镜像复制出了一条绿色的曲线，此时最好删除这两条曲线的历史记录，如图 16.10 所示。可以对照三视图中摄像按钮的大小继续细微移动调整曲线位置，注意两条曲线应该将近连接但不要有交叉部分。

4. 进行曲线的连接

按住 Shift 键，选中两条 CV 曲线，选择 Edit Curves|Attach Curves 命令；如需设置参数，可以单击 Edit Curves|Attach Curves 命令后面的方块，在出现的参数设置框中进行参数设置，如图 16.11 所示。两条曲线合成一条曲线时，曲线变成绿色表示连接成功，如图 16.12 所示。

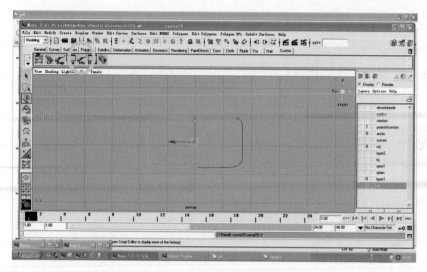

图 16.10　删除曲线历史记录

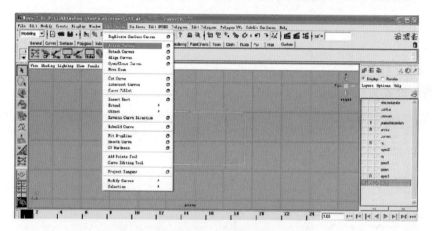

图 16.11　连接曲线

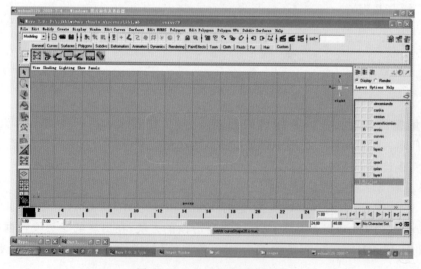

图 16.12　此时曲线已经连接

5. 进行曲线的闭合

选中曲线，单击 Edit Curves|Open/Close Curve Options 命令后面的方块，如图 16.13 所示，在弹出的参数设置框中选择 Blend 单选按钮，然后单击 Open/Close 按钮闭合曲线，如图 16.14 所示。此时，摄像按钮外槽轮廓曲线制作完成。

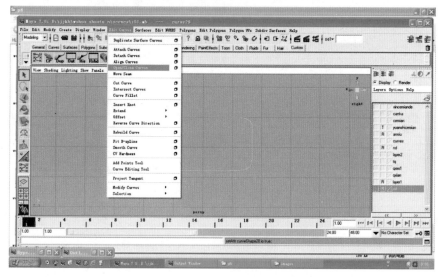

图 16.13 闭合曲线操作

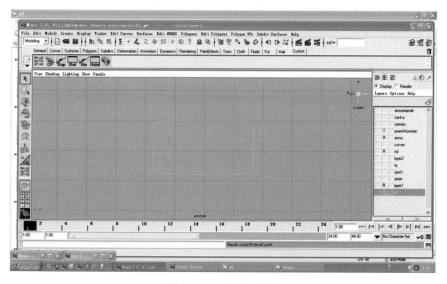

图 16.14 曲线已闭合

提示：完成按键槽曲线的制作后，可以再调出三视图对曲线形状进行细微精确的调整，并且，此时最好删除这两条曲线的历史记录，如图 16.15 所示。

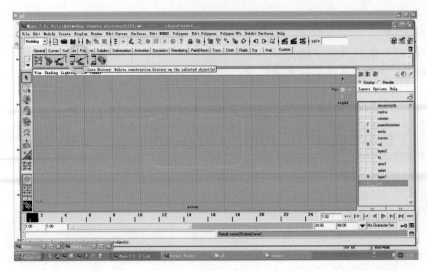

图 16.15　删除曲线历史记录

16.2　制作摄像按键的槽洞

1. 将曲线移到合适位置

选择移动工具，将曲线移到合适位置，如图 16.16 所示。

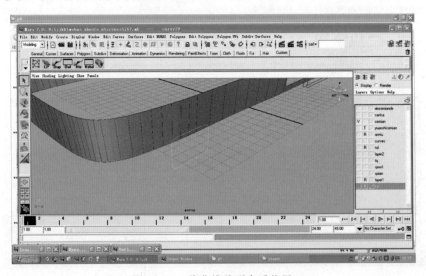

图 16.16　将曲线移到合适位置

2. 进行曲线投影到曲面操作

同时选中曲线和电话侧面曲面，如图 16.17 所示。

进行视图切换，注意一定要切换到 Right 视图中；单击 Edit NURBS|Project Curve On Surface 命令后面的方块，进行参数设置：将 Project Along 设置为 Active View（活动视图）；将 Use Tolerance 设置为 Local；单击 Project 按钮，如图 16.18 所示。

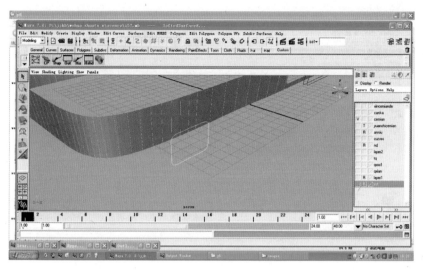

图 16.17　同时选中曲线和曲面

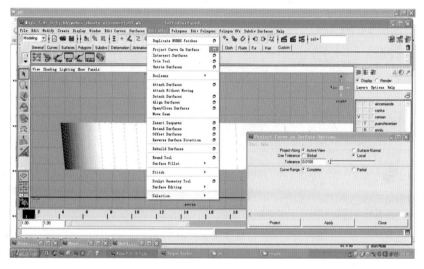

图 16.18　曲线投影到曲面的操作

切换到立体视图,此时看到已经投影了曲线,如图 16.19 所示。

3. 删除多余的投影曲线

切换到三维视图可以看到,投影曲线操作完成后,在机体两侧面各投影出一条。因为摄像按键只有一个,所以要选择机体后侧面的一条投影曲线,按 Delete 键将其删除,如图 16.20 所示。

此时那条多余投影曲线已被删除,如图 16.21 所示。

4. 选择侧面曲面进行修剪打孔

选择电话侧面曲面,选择 Edit NURBS|Trim Tool 命令,视图变成白色框线,选择需要留下的目标区域,出现一个黄色点,然后按 Enter 键,即完成侧面曲面的打孔修剪操作,如图 16.22 所示。

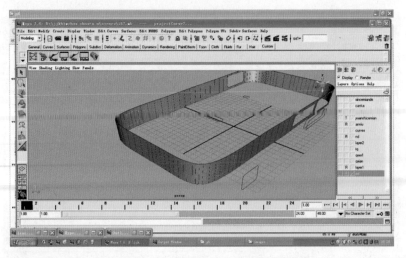

图 16.19　曲面上产生曲线投影

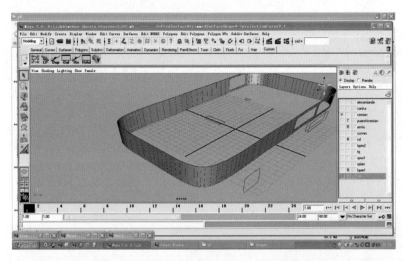

图 16.20　删除机体后侧面的一条投影曲线

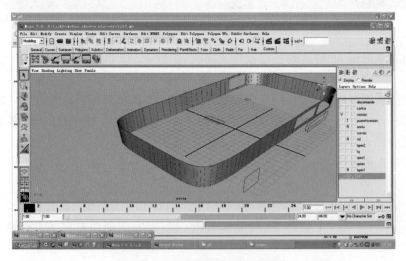

图 16.21　多余投影曲线已被删除

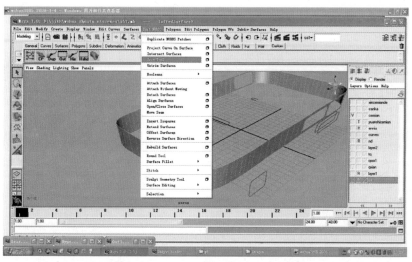

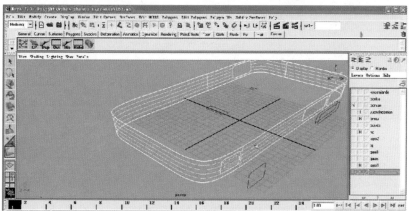

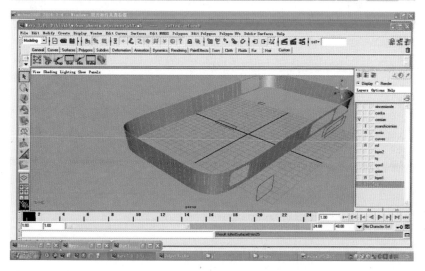

图 16.22 选择侧面曲面进行修剪打孔

16.3 制作摄像按键槽的内曲面

1. 选取 Trim Edge 模式和修剪边

将鼠标光标移动到侧面曲面上，右击鼠标，选择 Trim Edge 命令，进入 Trim Edge 模式，如图 16.23 所示，单击 Trim 边后，其边变为黄色，如图 16.24 所示。

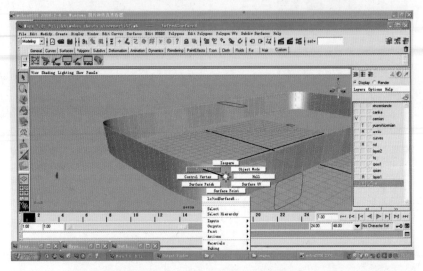

图 16.23 侧面进入 Trim Edge 模式

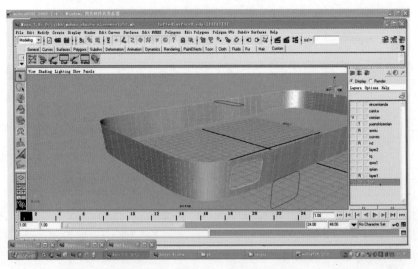

图 16.24 选取 Trim 边后呈现黄色

2. 复制曲面上的曲线

选择 Edit Curves|Duplicate Surface Curves 命令，如图 16.25 所示，从曲面上复制这条曲线，如图 16.26 所示。

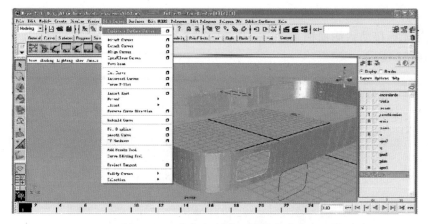

图 16.25 执行复制曲面上曲线命令

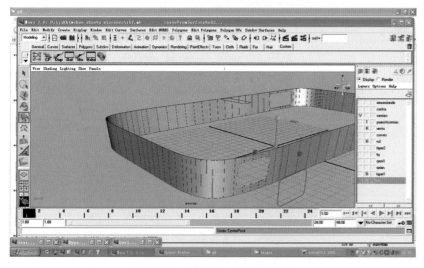

图 16.26 复制出一条曲面曲线

3. 选取与调整曲线的中心点位置

单击 Center Pivot 快捷图标,或者选择 Modify|Center Pivot 命令,使曲线的中心点位置移动到曲线的中心。对复制出来的曲线进行大小缩放调整后,沿 X 轴方向移动放置到稍往里一点的位置上,如图 16.27 所示。

图 16.27 选取与调整曲线的中心点位置

4. 选取 Trim Edge 线

将鼠标光标移动到侧面曲面上，右击鼠标，选择 Trim Edge 命令，进入 Trim Edge 模式，如图 16.28 所示。

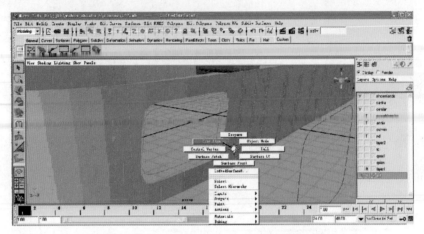

图 16.28　进入 Trim Edge 模式

单击 Trim 边，其边变为黄色，如图 16.29 所示。

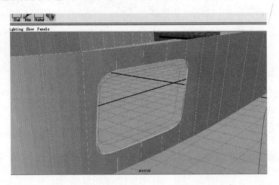

图 16.29　选取的 Trim 边呈现黄色

按住 Shift 键，同时选中 Trim 边和刚复制的曲线，如图 16.30 所示，准备 Loft 放样出曲面。

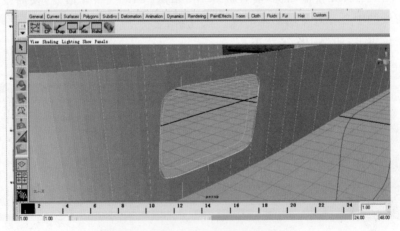

图 16.30　选取 Trim 边和刚复制的曲线

5. 进行 Loft 放样曲面操作

选择 Surfaces|Loft 命令,如图 16.31 所示,放样形成一个 NURBS 曲面,如图 16.32
所示。

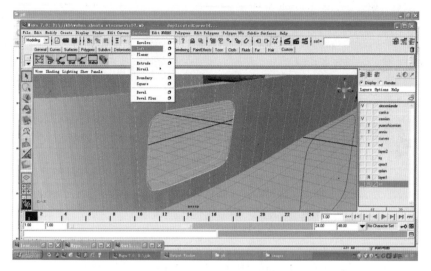

图 16.31　执行 Loft 放样命令

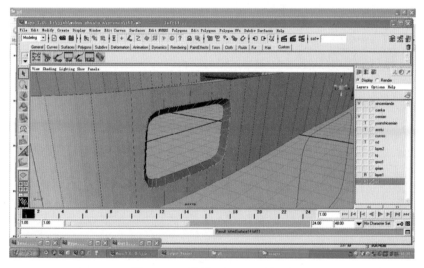

图 16.32　放样出 NURBS 曲面

16.4　生成摄像按键内槽的曲面

1. 进入 Isopram 线模式

将鼠标移动到侧面曲面上,右击鼠标,选择 Isopram 命令,此时已进入 Isopram 线模式,
如图 16.33 所示。

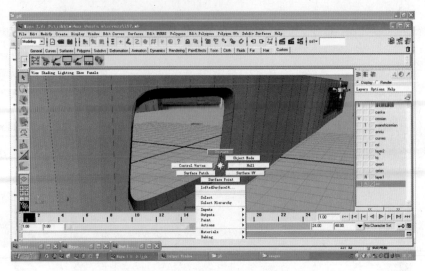

图 16.33　进入 Isopram 线模式

2. 选择所需的 Isopram 线

选择曲面上的任意位置的 Isopram 线,所选的 Isopram 线显示为黄色虚线,如图 16.34 所示。

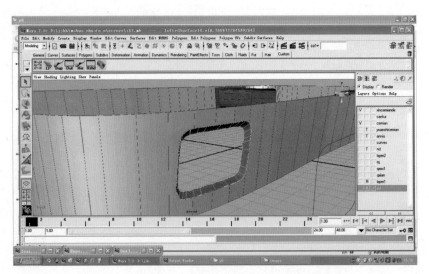

图 16.34　选择所需的 Isopram 线

注意:可以按住鼠标左键拖动选择曲面 Isopram 线。这个操作需要操作者多多练习尝试一下。

3. 复制曲面 Isopram 线

如图 16.35 所示,选中黄色虚线 Isopram 线,选择 Edit Curves | Duplicate Surface Curves 命令,将曲面 Isopram 线复制出来。

此时曲面上的这条 Iso 线被复制出来,呈现绿色,如图 16.36 所示。

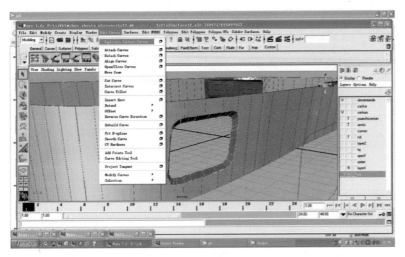

图 16.35 复制曲面 Isopram 线

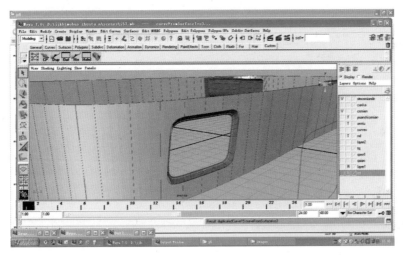

图 16.36 从曲面复制出的 Iso 曲线

小技巧：这种选择曲面 Iso 线，配合 Edit Curves|Duplicate Surface Curves 命令复制曲线的操作方式，也是制作 NURBS 精细模型时常用的方式。

4. 复制曲线并且移动调整曲线的位置

将这条复制出来的曲线沿 X 轴方向移动，如图 16.37 所示。

单击复制快捷图标复制这条曲线。将复制出的曲线沿 X 轴方向移动，放置于如图 16.38 所示位置。

再单击复制快捷图标复制一条曲线。将复制出的曲线沿 X 轴方向移动放于图 16.39 所示位置。

5. Loft 放样制作出曲面

如图 16.40 所示，按住 Shift 键，选取两条复制后的曲线，选择 Surfaces|Loft 命令，放样形成一个 NURBS 曲面，如图 16.41 所示。

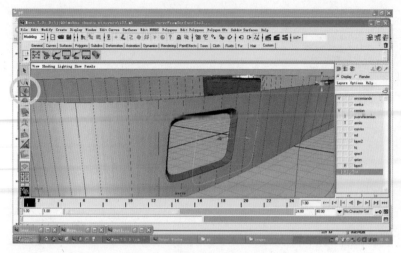

图 16.37　将复制出的曲线移动

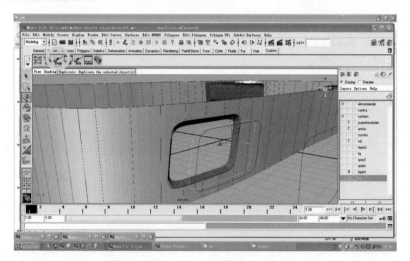

图 16.38　多复制一条曲线以备后用

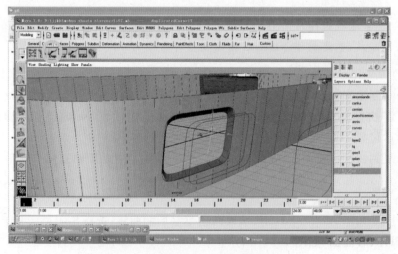

图 16.39　复制一条曲线移动到合适位置

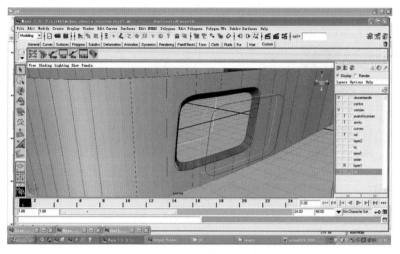

图 16.40 选中两条曲线

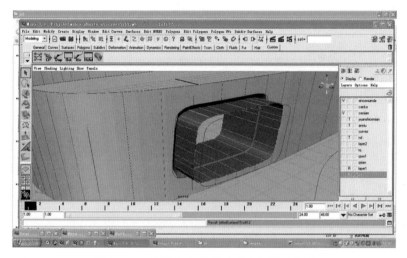

图 16.41 执行 Loft 放样生成 NURBS 曲面

6. 进行曲面的圆滑倒角

如图 16.42 所示,按住 Shift 键,选取 Loft 曲面和机体侧面的 Loft 曲面,单击 Edit NURBS|Surface Fillet|Circular Fillet 命令后面的方块,在弹出的 Circular Fillet Options 参数设置框中对参数进行设置,例如,将参数 Radius 设置为 0.0220,单击 Fillet 按钮,生成白色导角曲面,如图 16.43 所示。

7. 选择键槽的侧曲面进行打孔修剪

如图 16.44 所示,选取键槽的侧面曲面,选择 Edit NURBS|Trim Tool 命令,侧面曲面成为白色框线,选择需要留下的目标区域,出现一个黄色点,然后按 Enter 键。

8. 选择侧面 Loft 曲面进行打孔修剪

如图 16.45 所示,选取 Loft 曲面,选择 Edit NURBS|Trim Tool 命令,曲面成为白色框线,选择需要留下的区域,出现一个黄色点,然后按 Enter 键。此时,电话摄像精细按钮槽制作完成。

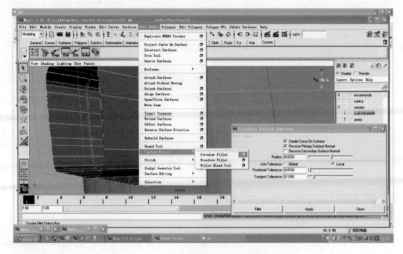

图 16.42　进行曲面的圆滑导角操作

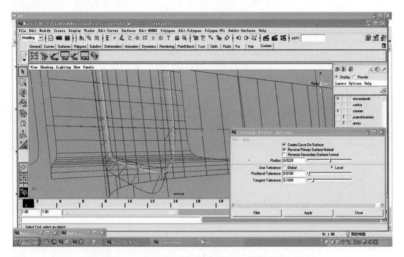

图 16.43　白色曲面是新生成的圆滑导角曲面

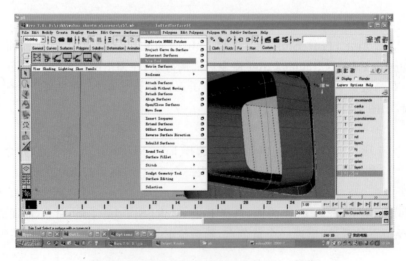

图 16.44　选择按键的侧曲面进行 Trim 操作

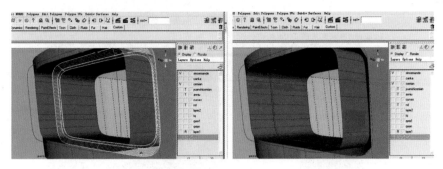

图 16.44(续)

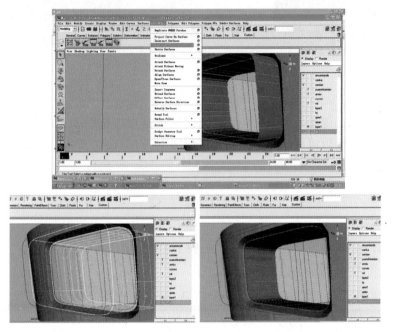

图 16.45 选择侧面 Loft 曲面进行 Trim 操作

16.5 渲染显示按键槽的制作效果

完成按键槽的精细制作后,可以使用渲染工具观看一下摄像按键槽的制作效果。单击如图 16.46(a)所示渲染图标,可以对视图进行渲染。注意:如果调整渲染精度参数,可以渲

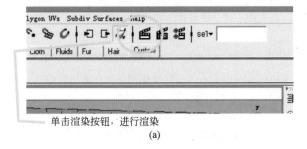

单击渲染按钮,进行渲染

(a)

图 16.46 渲染显示按键槽的制作效果

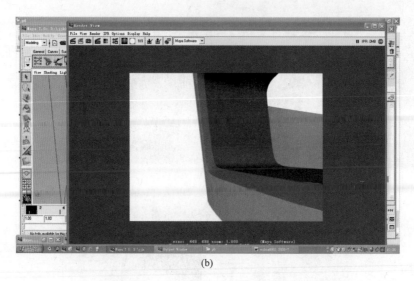

(b)

图 16.46(续)

染出更加精致、美观的键槽效果。粗略渲染出的电话摄像按钮槽如图 16.46(b)所示,此时没有调整渲染精度,所以渲染出来的是粗略效果图。

16.6　摄像按键的键体制作

1. 查看线框图与选取复制曲线

如图 16.47 所示,按数字键 4,观看按键槽结构线框图。选中曲线,单击复制快捷图标再复制一条曲线,用来制作手机摄像按钮。

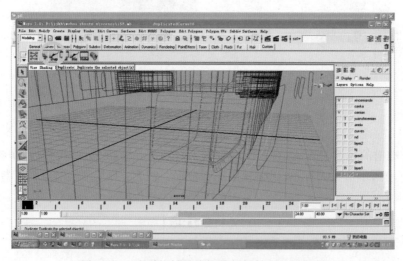

图 16.47　查看按键槽线框图与复制选取的曲线

2. 移动曲线中心点位置

如图 16.48 所示,选中曲线后,单击 Center Pivot 快捷图标,或者选择 Modify|Center Pivot 命令,使曲线的中心点的位置移动到曲线的中心。

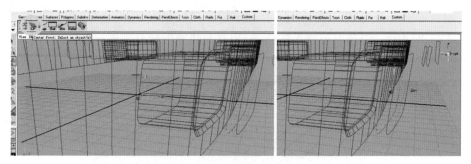

图 16.48　移动曲线中心点位置

3. 调整绘制曲线的方位和大小

如图 16.49 所示,用缩放工具稍微将曲线缩放一点,用来制作手机摄像按钮,之后用移动工具继续调整曲线的位置,如图 16.50 所示。

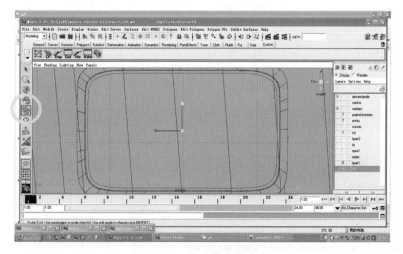

图 16.49　缩放曲线的大小

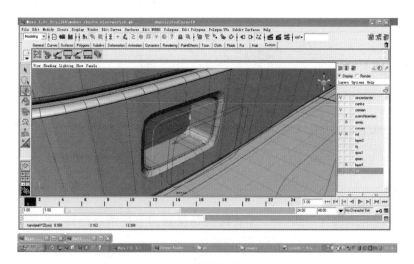

图 16.50　调整曲线的方位

4. 再复制出一条曲线

如图 16.51 所示,先选取调整后的曲线,用复制快捷图标对其进行复制。

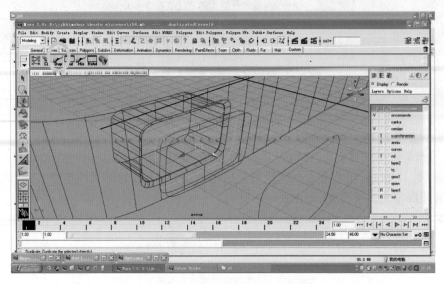

图 16.51 复制曲线

然后将其沿 X 轴方向向内侧移动,如图 16.52 所示,用来制作摄像按键的 Loft 曲面。

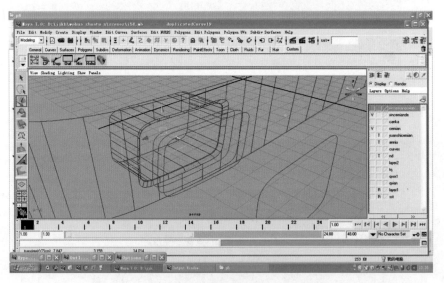

图 16.52 移动这条曲线到合适位置

5. 选取 Loft 放样出按键曲面

如图 16.53 所示,按住 Shift 键,选取调整好位置的上述两条曲线,选择 Surfaces|Loft 命令,放样形成一个按键键体的 NURBS 曲面。

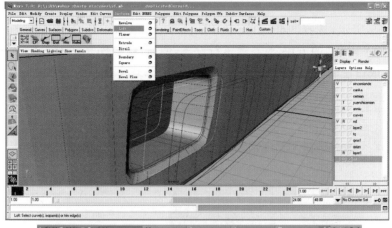

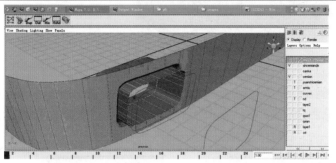

图 16.53 选取 Loft 命令放样出按键的 NURBS 曲面

16.7 摄像按键顶部曲面的制作

1. 放置 Plane 平面

将前面制作按钮时复制的 Plane 平面调出来,进行缩放大小和旋转角度的微调,如图 16.54 所示。

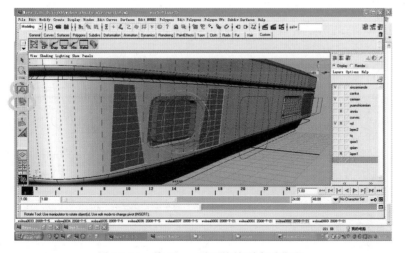

图 16.54 将 Plane 平面缩放到合适位置

2. 进行曲面的圆滑倒角

如图 16.55 所示，选择 Loft 曲面和 Plane 平面，单击 Edit NURBS | Surface Fillet | Circular Fillet 命令后面的方块，对参数进行设置，例如，将参数 Radius 设置为 0.0320，单击 Fillet 按钮，生成白色的导角曲面，如图 16.55 所示。

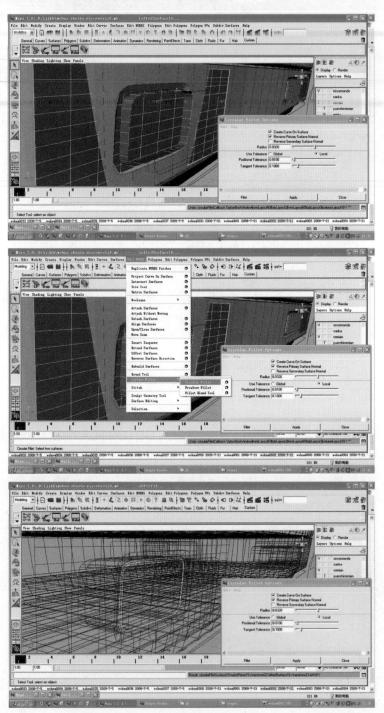

图 16.55　进行曲面的圆滑倒角操作

3. 对手机摄像按钮曲面进行修剪

如图 16.56 所示,选择手机摄像按钮曲面,选择 Edit NURBS|Trim Tool 命令,此时图形成为白色框线,选择需要留下的部分,出现一个黄色点,然后按 Enter 键。

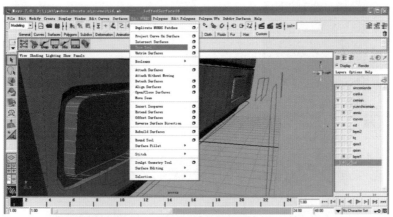

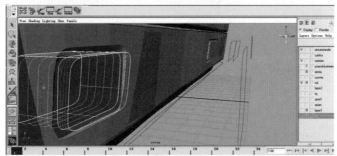

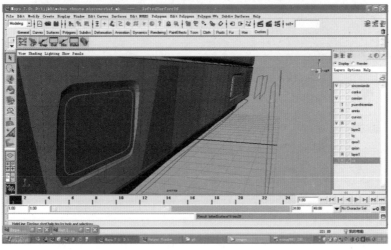

图 16.56 选取按键的曲面进行修剪操作

4. 选取按键的 Plane 平面进行修剪操作

如图 16.57 所示,选取按键的 Plane 平面,选择 Edit NURBS|Trim Tool 命令,曲面成为白色框线,选择需要留下的区域,出现一个黄色点,然后按 Enter 键。此时,手机摄像按钮制作完成。

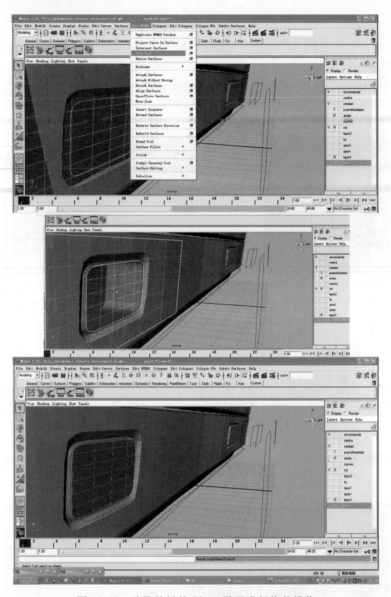

图 16.57   选取按键的 Plane 平面进行修剪操作

16.8   渲染显示按键的制作效果

经过以上操作已完成摄像按键的制作,可以单击渲染快捷图标,观看一下摄影按键的渲染效果,如图 16.58 所示。

提示:

(1) 如果对其设计效果满意,可选取对象,将对象在制作过程中的历史记录删除。

(2) 制作完成后,对图层进行归纳与调整。这是一项规范性的常规工作,要养成良好的设计习惯,这对提高设计效率大有帮助。

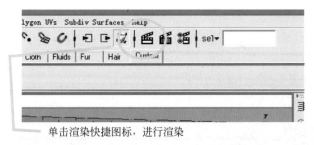

单击渲染快捷图标，进行渲染

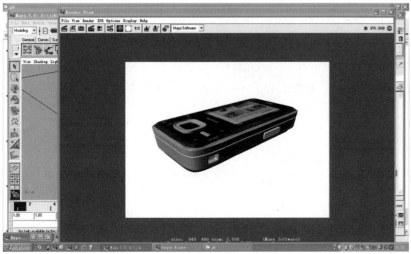

图 16.58　渲染显示按键的制作效果

16.9　进行图层的归纳与调整

1. 调出制作完成的摄像按键和扬声窗口图层

调出制作完成的摄像按键和扬声窗口图层，如图 16.59 所示。

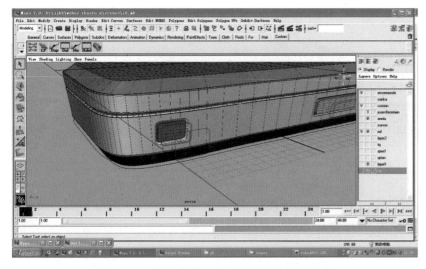

图 16.59　调出制作完成的图层进行视图观察

2. 对图层进行隐藏操作

单击 xincemiande 和三视图图层前面的图层显示模式选项,使字母 V 消失,将这些图层隐藏,如图 16.60 所示。

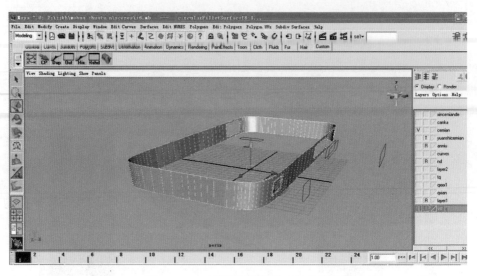

图 16.60　对图层隐藏操作后的结果

3. 为下步绘制工作做准备

选中所有曲面部分,将鼠标光标放在 xincemiande 图层上,右击鼠标,选择 Add Selected Objects 命令,将所选物体放入指定图层中,如图 16.61 所示。

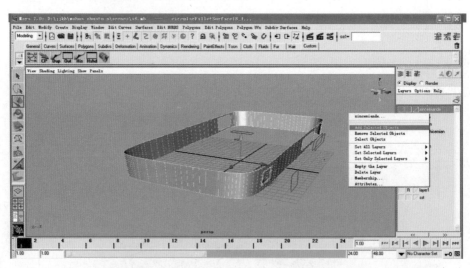

图 16.61　将所选物体放入指定图层中

此时曲面已放入 xincemiande 图层中,单击 xincemiande 图层前面的图层显示模式选项,使字母 V 消失,图层隐藏,如图 16.62 所示。

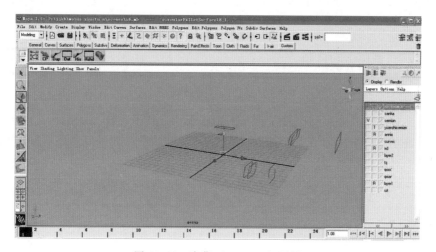

图 16.62　隐藏 xincemiande 图层

第 17 章　外存储卡接口插槽的制作

　　本章主要对机体的外存储卡接口插槽的制作步骤进行了较详细的说明。由于其操作过程只是一种重复性的强化训练而已，因而基于前述章节的学习和已经具备的操作基础，以及在实践过程中对制作程式的感悟，相信你完全可以举一反三地自主完成该接口插槽的制作。

17.1　绘制手机存储卡插槽的轮廓曲线

1. 绘制与复制卡槽的 CV 曲线

　　如图 17.1 所示，单击创建曲线快捷图标或者选择 Create|CV Curve Tool 命令，创建一条 CV 曲线。注意：绘制接口槽 CV 曲线时，绘制的点不要太多，最好要对称、分布均匀。

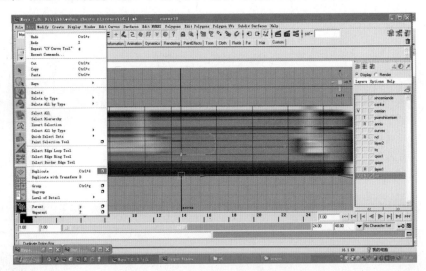

图 17.1　绘制卡槽的 CV 曲线

　　单击 Edit|Duplicate 命令后面的方块，在弹出的 Duplicate Options 参数设置框中，将 Scale Z 的值设置为－1，单击 Duplicate 按钮，进行曲线镜像复制，如图 17.2 所示。

2. 曲线的连接与闭合

　　首先按照三视图中接口槽的大小位置，移动调整其 CV 曲线后，再进行曲线的连接操作，其操作过程是：按住 Shift 键，同时选中两条 CV 曲线，选择 Edit Curves|Attach Curves 命令，进行曲线的连接操作，如图 17.3 所示；也可以单击 Edit Curves|Attach Curves 命令后面的方块，在弹出的参数设置框中对参数进行设置。当曲线变成绿色时，表明这两条曲线已经合并成为一条曲线。

　　选择曲线，单击 Edit Curves|Open/Close Curve Options 后面的方块，在弹出的参数设置框中单击 Blend 单选按钮，再单击 Open/Close 按钮，以完成曲线的闭合，如图 17.4 所示。

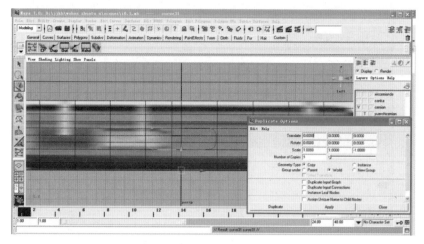

图 17.2　镜像复制另一半曲线

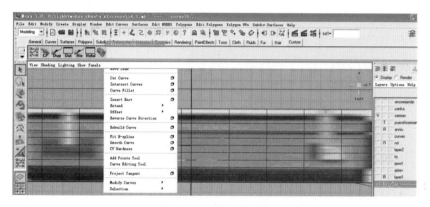

图 17.3　连接曲线操作

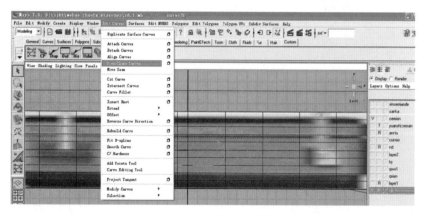

图 17.4　闭合曲线操作

3. 删除两条 CV 曲线的历史记录

手机存储卡插槽轮廓曲线绘制完成后，建议删除这条 CV 曲线的历史记录，如图 17.5
所示。

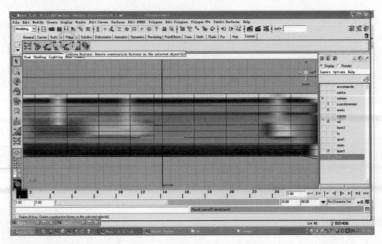

图 17.5　删除曲线的历史记录

17.2　移动曲线的中心点位置

选择曲线,单击 Center Pivot 快捷图标,或者选择 Modify|Center Pivot 命令,使曲线的中心点位置移动到曲线的中心,如图 17.6 所示。

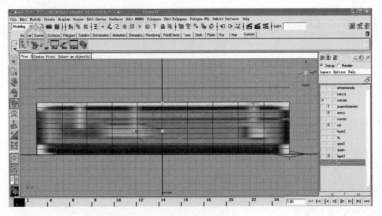

图 17.6　调整曲线中心点位置

17.3　投影曲线到曲面

1. 移动调整曲线位置,选取曲线和曲面

从立体视图看一下曲线放置的位置,如图 17.7 所示,同时选中手机卡插槽轮廓曲线和电话侧面曲面。

2. 进行曲线投影到曲面操作

如图 17.8 所示,切换到 Right 视图中,单击 Edit NURBS|Project Curve On Surface 命令后面的方块,在弹出的 Project Curve On Surface Options 参数设置框中,将 Project Along 设置为 Active View(活动视图),将 Use Tolerance 设置为 Local,设置完后单击

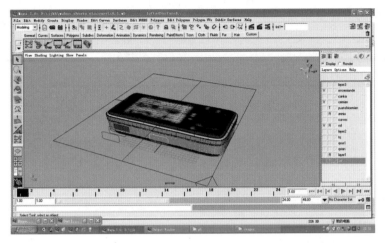

图 17.7 同时选中手机卡插槽轮廓曲线和手机侧面曲面

Project 按钮，如图 17.9 所示。

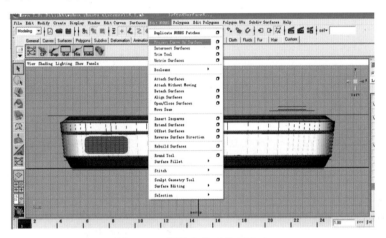

图 17.8 投影曲线到曲面命令

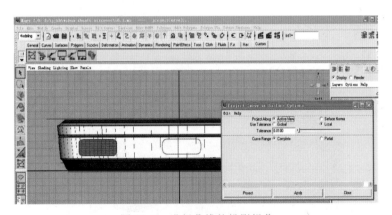

图 17.9 进行曲线的投影操作

3. 删除多余的投影曲线

如图 17.10 所示，切换到立体视图，此时看到曲面上已经投影了曲线，选择曲线后面的一条投影曲线,因为音量开关只有一个,所以按 Delete 键删除此多余的投影曲线。

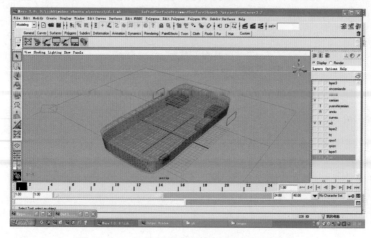

图 17.10　切换视图并删除多余的投影曲线

17.4　进行接口插槽的修剪打孔

1. 选取对象进行 Trim 操作

选择机体侧面曲面,选择 Edit NURBS|Trim Tool 命令,在白色框线中选择需要留下的区域,出现一个黄色点,然后按 Enter 键,如图 17.11 所示。完成 Trim 操作的结果如图 17.12 所示。

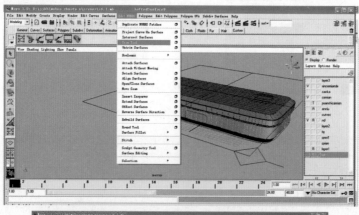

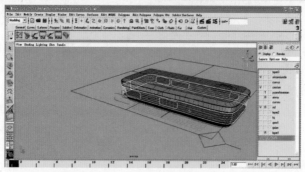

图 17.11　进行接口插槽的 Trim 操作

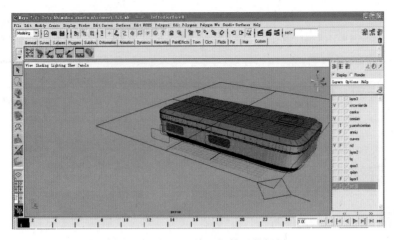

图 17.12　Trim 接口插槽后的视图

2. 观察手机存储卡槽的初步制作效果

此时，手机存储卡槽制作完成。进行视图切换后，可在三维视图下按数字键 6，观察手机存储卡槽制作效果，如图 17.13 所示。

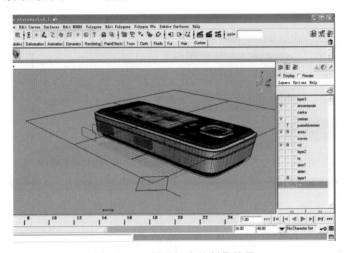

图 17.13　展现初步的制作效果

17.5　接口插槽的外曲面制作

1. 进入 Trim Edge 模式选取目标对象

如图 17.14 所示，将鼠标光标移动到侧面曲面上，右击鼠标，选择 Trim Edge 命令，进入 Trim Edge 模式。单击 Trim 边，Trim 边变为黄色，如图 17.15 所示。

2. 将曲面选中的曲线复制出来

如图 17.16 所示，选择 Edit Curves|Duplicate Surface Curves 命令，复制曲面上的曲线。

曲面上选中的曲线已经从曲面上复制出来，如图 17.17 所示。

3. 曲线中心点调整

如图 17.18 所示，选择曲线，单击 Center Pivot 快捷图标，或者选择 Modify|Center

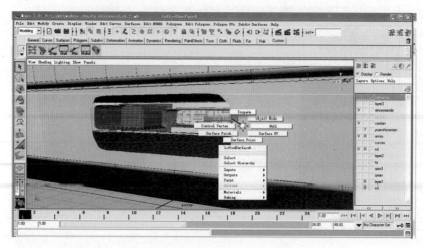

图 17.14　进入 Trim Edge 模式

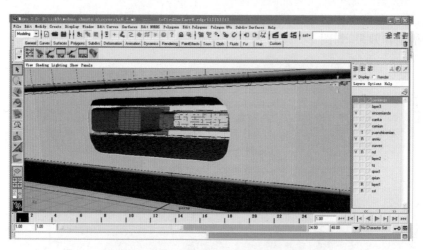

图 17.15　目标对象选中后呈现黄色

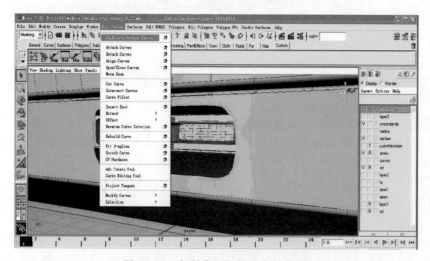

图 17.16　复制曲面上被选中的曲线

Pivot 命令,使曲线的中心点位置移动到曲线的中心。并且用缩放工具调整这条曲线的大小,将其放到合适位置,如图 17.18 所示。

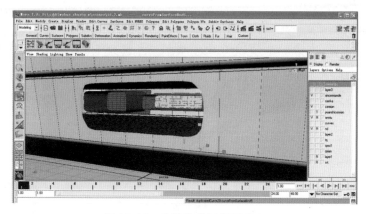

图 17.17　曲线从曲面复制出来

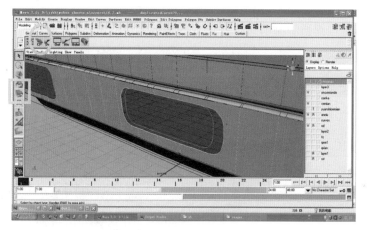

图 17.18　调整绘制中心点

4. 进行曲面放样操作

将复制出的曲线沿 X 轴方向移动并进行缩放操作。选择侧面曲面 Trim 曲线和复制后的曲线,如图 17.19 所示,选择 Surfaces|Loft 命令,放样出来一个曲面,如图 17.20 所示。

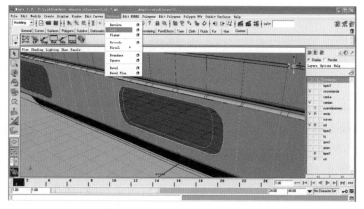

图 17.19　选中 Trim 边和曲线

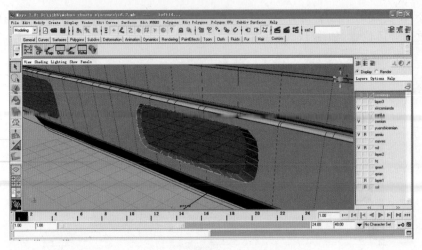

图 17.20　进行曲面放样操作

5. 观看整体效果

在立体视图中可观察绘制的手机存储卡插槽的大体效果,如图 17.21 所示。

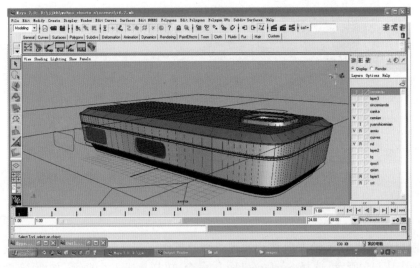

图 17.21　手机存储卡插槽制作完成

17.6　存储卡插槽盖的制作

1. 删除曲线历史记录

将前面制作的手机存储卡插槽曲线的历史记录删除,并进行缩放调整,使之缩小一点,用来制作手机存储卡槽盖,如图 17.22 所示。

2. 复制曲线,移动位置进行 Loft 操作

如图 17.23 所示,沿 X 轴移动曲线,之后单击复制对象快捷图标复制这条曲线,将复制出的曲线移动到合适位置,如图 17.23 所示。选择这两条曲线,选择 Surface|Loft 命令,放样出来一个曲面,如图 17.24 所示。

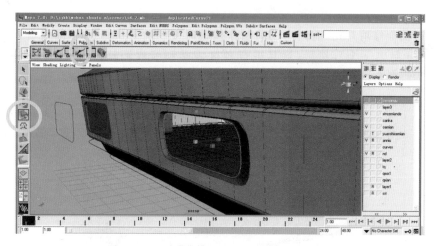

图 17.22　删除曲线历史记录后缩小该曲线

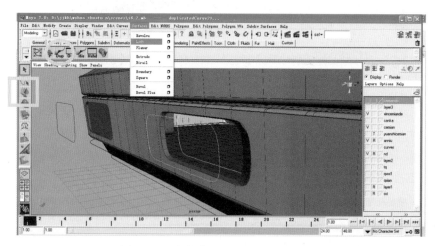

图 17.23　复制曲线后移动到合适位置

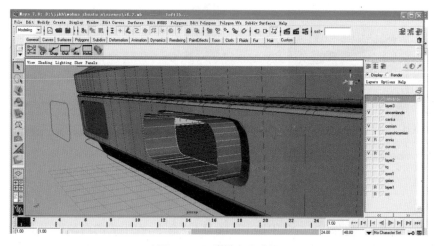

图 17.24　放样产生曲面

3. 调出复制的 Plane 平面并进行适当调整

为进行曲面修剪打孔,需调出以前制作按键时复制的 Plane 平面(如没有保存或已删除,可以再复制出一个),然后,对其进行角度旋转和缩放调整。其操作过程不再详述,图 17.25 为操作后的结果。

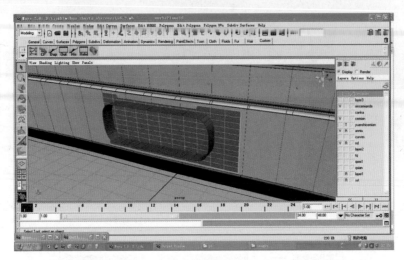

图 17.25　适当调整后的 Plane 平面

4. 用 Circular Fillet 命令创建圆滑导角曲面

如图 17.26 所示,选择 Loft 曲面和 Plane 平面,单击 Edit NURBS | Surface Fillet | Circular Fillet 命令后面的方块,在弹出的 Circular Fillet Options 参数设置框中,Radius 设置为 0.010。生成的白色曲面是刚生成的导角曲面,如图 17.27 所示。

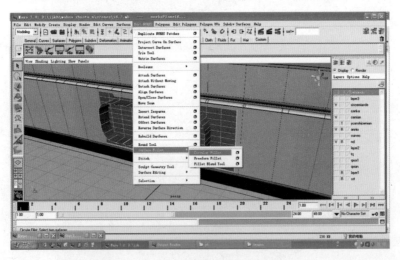

图 17.26　用 Circular Fillet 生成圆滑导角曲面

5. 修剪 Plane 平面

选择 Plane 平面,选择 Edit NURBS | Trim Tool 命令,在生成的白色框线上选取需要留下的区域,出现一个黄色点,然后按 Enter 键完成平面的 Trim 操作,如图 17.28 所示。

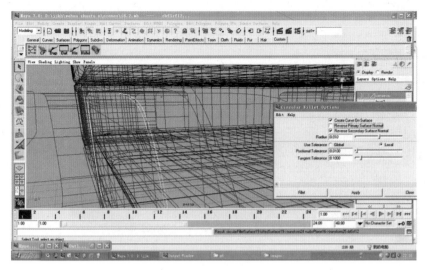

图 17.27 该白色曲面为新生成的圆滑导角曲面

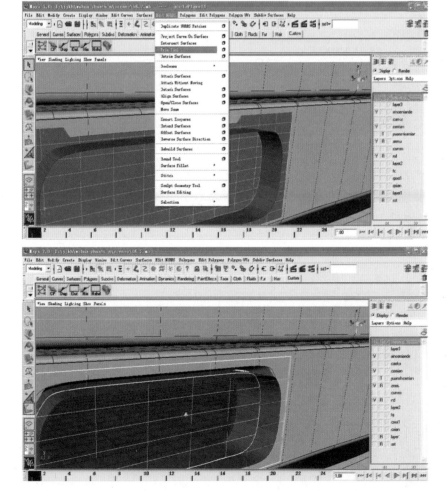

图 17.28 进行 Plane 平面的 Trim 操作

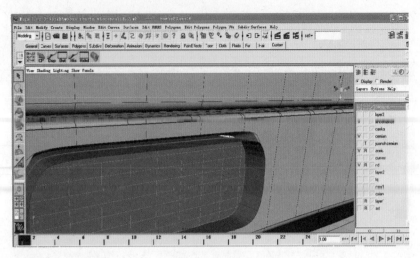

图 17.28(续)

6. 选择 Loft 曲面进行打孔操作

如图 17.29 所示,选择 Loft 曲面,选择 Edit NURBS|Trim Tool 命令,在生成的白色框

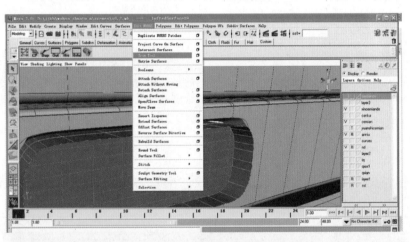

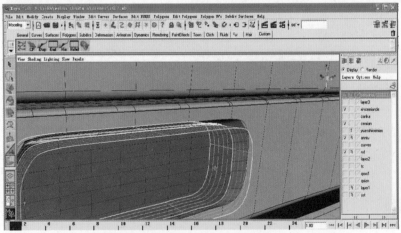

图 17.29　选择 Loft 曲面进行打孔操作

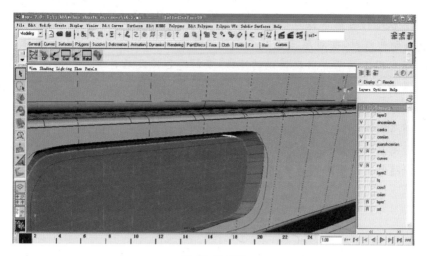

图 17.29(续)

线上选取需要留下的区域,出现一个黄色点,然后按 Enter 键完成对 Loft 曲面的打孔操作。此时,手机侧面存储卡槽盖制作完成。

17.7 手机侧面存储卡槽盖的材质渲染

对手机侧面存储卡槽盖的材质渲染操作简述如下:(1)选择 Window | Rendering Editors | Hypershade 命令,或者单击 Hypershade 快捷图标,调出 Hypershade 编辑器;(2)选择存储卡槽盖为对象,调出材质编辑窗口;(3)将光标置于节点关系图的 ceanniu 上,右击鼠标,选择 Assign Material To Selection 命令,即可将所选材质附着到所选对象上,如图 17.30 所示。其材质渲染操作的详细细节请参阅以前的有关章节。

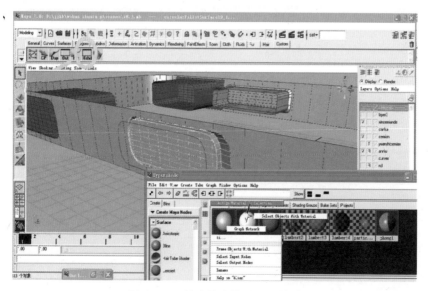

图 17.30 给存储卡槽盖赋予材质

提示：在进行存储卡接口插槽的制作过程中，要注意养成以下良好的操作习惯：

(1) 在绘制曲线时，要对照三视图中的形状精确绘制，及时进行大小和方位的调整。进行细节观察时发现不满意或出现错误的地方，及时进行修改后再进行整体观察，直到获得满意的设计效果为止。

(2) 进行历史记录的删除。删除历史记录操作可以带来规范存储文档、减少存储空间、提高运行速度等好处。

(3) 进行图层的归纳优化处理，这可为下一步设计提供操作便利。

(4) 可以随时更改有关对象或者材质节点的名称，以减少操作失误，提高设计速度。

第 18 章 充电器接口的制作

本章主要对充电器接口所涉及的方形槽、圆形孔等制作方法进行了较详细的描述,包括如何在方形槽内制作出精致的圆形插孔,如何对其进行不同材质的渲染,这些是需要掌握的新内容。

18.1 绘制充电器区域的外轮廓曲线

1. 创建一条 CV 曲线

单击创建曲线快捷图标或者选择 Create|CV Curve Tool 命令,创建一条 CV 曲线,如图 18.1 所示。调出三视图进行精确绘制。对照三视图精确绘制曲线时,注意绘制的曲线点不要太多,最好对称分布。

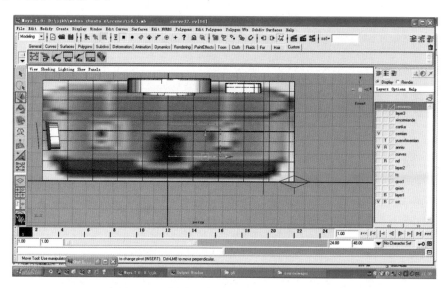

图 18.1 创建一条充电器接口的 CV 曲线

2. 对称复制出一条 CV 曲线

如图 18.2 所示,选中曲线,单击 Edit|Duplicate 后面的方块,在弹出的 Duplicate Options 参数设置框中,将 Scale X 设置为−1,最后单击 Duplicate 按钮,复制出一条对称的 CV 曲线,如图 18.3 所示。注意:图中所示三视图为开关部分三视图,也可以按照前面方法放进充电器端的三视图,那样可以对照图制作曲线。

3. 进行两条 CV 曲线的连接

如图 18.4 所示,参照三视图进行曲线的大小与位置的调整,注意两条曲线应尽量接近。按住 Shift 键,同时选中两条 CV 曲线,单击 Edit Curves|Attach Curves 后面的方块,在弹

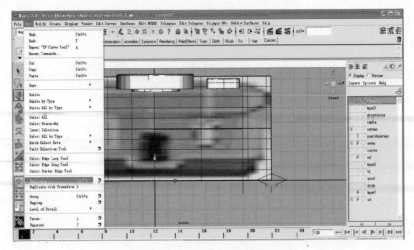

图 18.2　镜像复制曲线

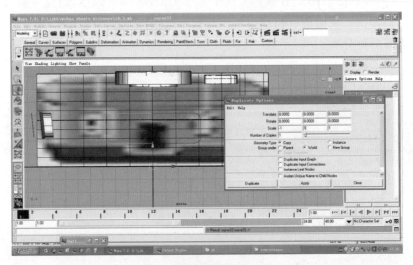

图 18.3　复制出一条对称的 CV 曲线

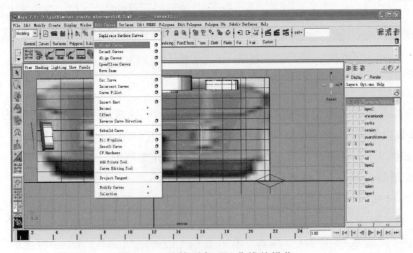

图 18.4　连接两条 CV 曲线的操作

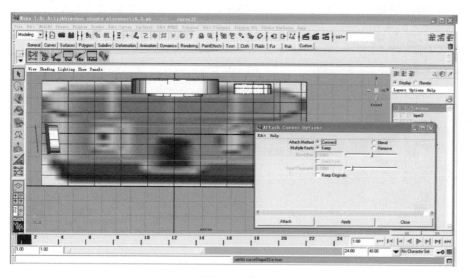

图 18.4(续)

出的参数设置框中进行参数设置后，单击 Attach 按钮。曲线连接后变成绿色，表示已合并成为一条曲线。

4．进行曲线的闭合

如图 18.5 所示，单击 Edit Curves|Open/Close Curves 命令后面的方块，在弹出的参数设置框中，单击 Blend 单选按钮，然后单击 Open/Close 按钮实现曲线闭合。

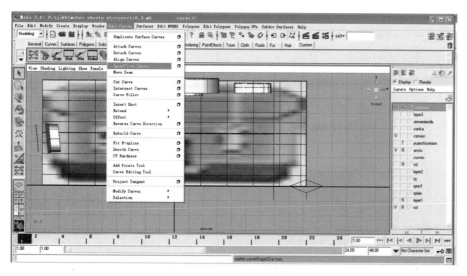

图 18.5 完成曲线的闭合操作

5．删除曲线的历史记录

此时电话充电器插头部分轮廓曲线绘制完成，删除这条曲线的历史记录，如图 18.6 所示。

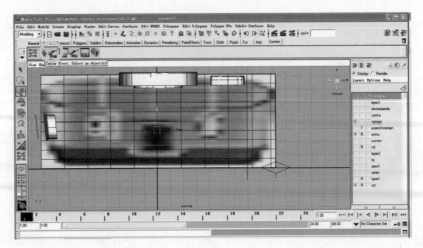

图 18.6　删除曲线的历史记录

18.2　制作充电器接口的凸起曲面

1. 调整曲线中心点的位置

如图 18.7 所示,选择闭合曲线,单击 Center Pivot 快捷图标,或者选择 Modify|Center Pivot 命令,使曲线的中心点的位置移动到曲线的中心。隐藏三视图所在图层,调出机身曲面所在图层,对曲线进行细微调整。

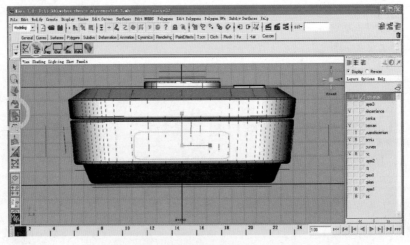

图 18.7　确定绘制中心点的位置

2. 曲线的复制与移动调整

如图 18.8 所示,选中曲线,单击复制对象快捷图标,复制出一条曲线;再选取移动工具沿 X 轴方向进行移动,适当调整两条曲线的位置,为进行 Loft 操作做准备。

3. 进行 Loft 放样操作

如图 18.9 所示,按住 Shift 键,同时选取两条曲线,选择 Surfaces|Loft 命令,放样形成一个 NURBS 曲面,如图 18.10 所示。

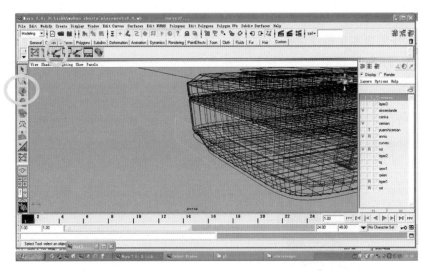

图 18.8 曲线的复制与移动调整

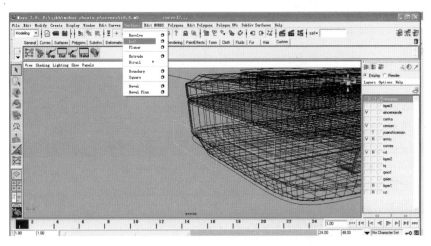

图 18.9 选中两条曲线

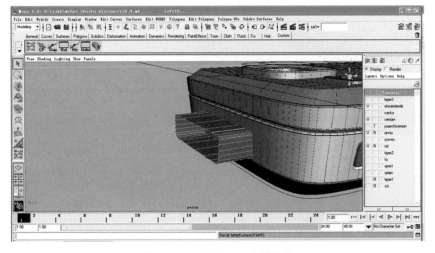

图 18.10 进行 Loft 放样操作

4. Intersect Surfaces 相交曲面操作

选择 Loft 曲面和手机侧面曲面,选择 Edit NURBS|Intersect Surfaces 命令,进行相交曲面操作,如图 18.11 所示。

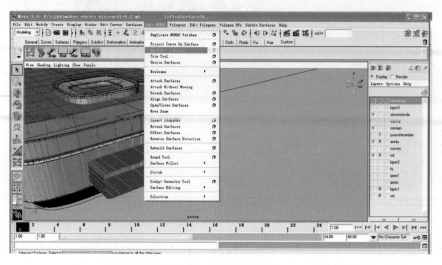

图 18.11　相交曲面命令

单击 Edit NURBS|Intersect Surfaces 命令后面的方块,进行参数设置:单击 Both Surfaces 单选按钮,在 Curve Type 中单击 Curve On Surface 单选按钮,单击 Intersect 按钮,如图 18.12 所示。

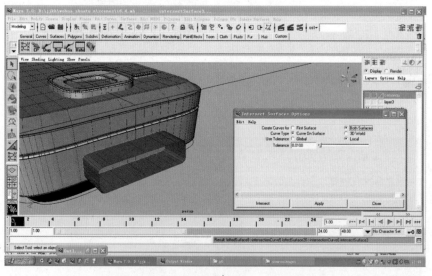

图 18.12　相交曲面命令的参数设置

5. 修剪曲面 Trim 操作

选择手机侧面曲面,选择 Edit NURBS|Trim Tool 命令,此时图形成为白色框线,选择需要留下的部分,出现一个黄色点,之后按 Enter 键。侧面曲面完成打孔操作,如图 18.13 所示。

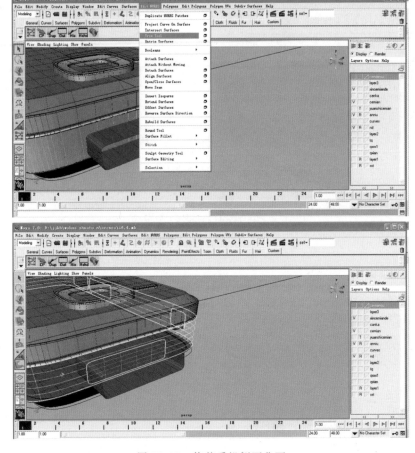

图 18.13　修剪手机侧面曲面

　　选择 Loft 曲面进行修剪打孔。选择 Edit NURBS|Trim Tool 命令，此时图形成为白色框线，选择外侧需要留下的区域，出现一个黄色点，之后按 Enter 键，Loft 曲面完成打孔操作，如图 18.14 所示。

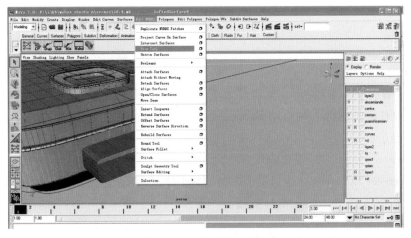

图 18.14　曲面修剪完成

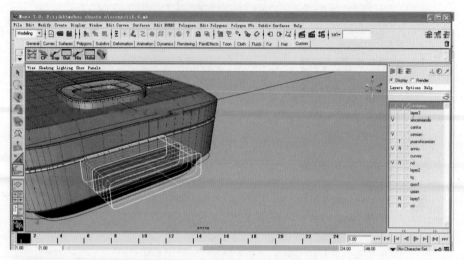

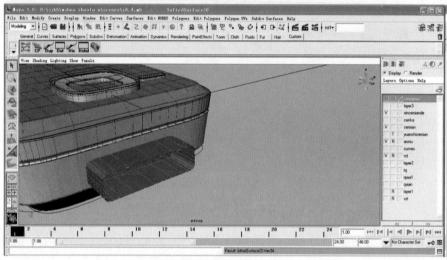

图 18.14（续）

18.3　制作充电器接口凸起的金属平面

（1）新建一个 nurbsPlane 平面，将 Width 设置为 3，将 Length Ratio 设置为 2，将 Patches U 设置为 21，将 Patches V 设置为 21，如图 18.15 所示。

（2）选取移动工具沿 Z 轴移动 Plane 平面，放置位置如图 18.16 所示，用来制作手机充电器插槽部分的凸起部分。

（3）Intersect Surfaces（相交曲面）命令操作。选择 Loft 曲面和 plane 曲面，单击 Edit NURBS|Intersect Surfaces 命令后面的方块，如图 18.17 所示，在弹出的参数设置框中进行参数设置：单击 Both Surfaces 单选按钮，在 Curve Type 中单击 Curve On Surface 单选按钮，然后单击 Intersect 按钮。

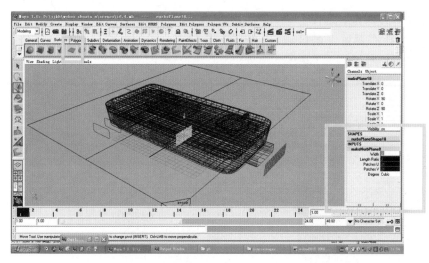

图 18.15　创建一个平面并且设定其参数

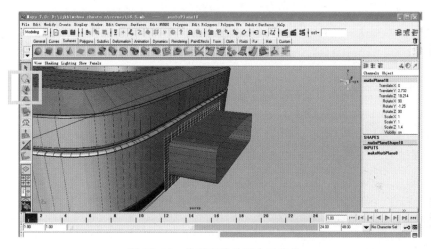

图 18.16　将平面移动到合适位置

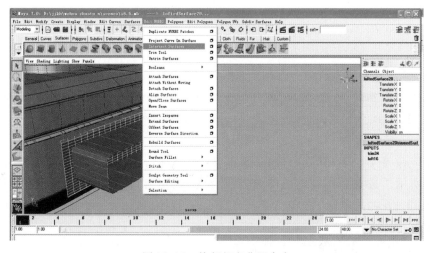

图 18.17　执行相交曲面命令

（4）打孔修剪操作。选择 Plane 平面，选择 Edit NURBS|Trim Tool 命令，此时图形成为白色框线，选择需要留下的区域，出现一个黄色点，之后按 Enter 键，进行修剪打孔，如图 18.18 所示。

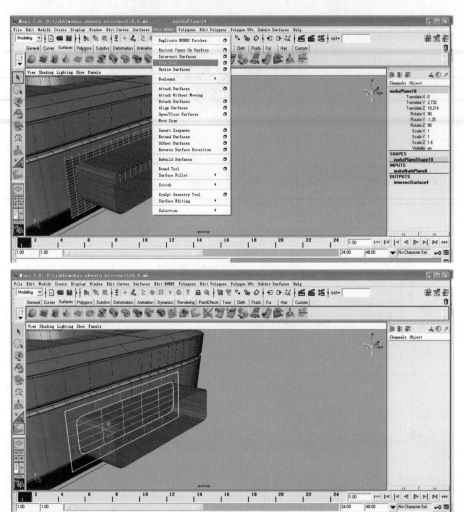

图 18.18　平面的修剪操作

（5）选择 Loft 曲面进行修剪打孔。选择 Edit NURBS|Trim Tool 命令，此时图形成为白色框线，选择需要留下的区域，出现一个黄色点，之后按 Enter 键，这时 Loft 曲面完成打孔修剪，如图 18.19 所示。此时，充电器接口凸起的金属平面制作完成。

（6）赋予充电器接口凸起的金属平面材质。选择 Window|Rendering Editors|Hypershade 命令，或者单击 Hypershade 快捷图标，调出 Hypershade 编辑器，如图 18.20 所示。选择手机充电器部分，调出材质编辑窗口。将鼠标光标放于节点关系图的 ceanniu 上，右击鼠标，选择 Assign Material To Selection 命令，将所选材质附着到所选物体之上。

从立体图中整体观察，如图 18.21 所示。

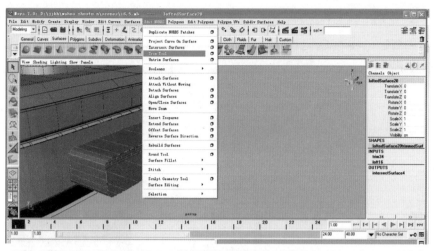

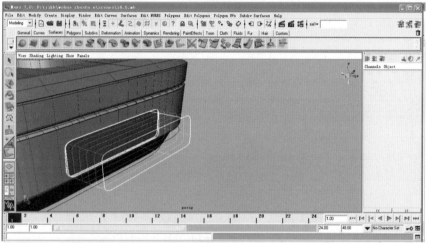

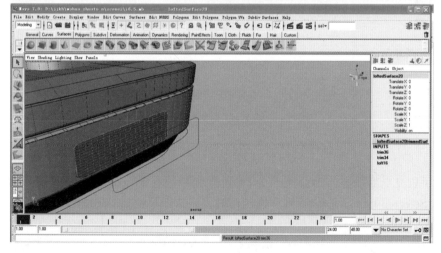

图 18.19 Loft 曲面的修剪

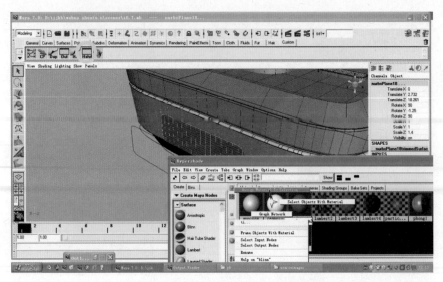

图 18.20　调出 Hypershade 编辑器

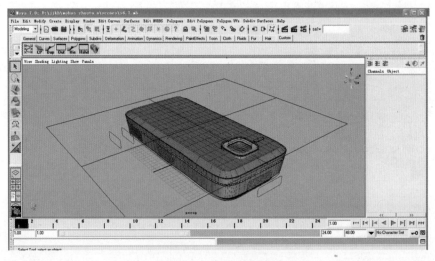

图 18.21　整体观察对象

18.4　制作充电方形槽

1. 将对象放入图层隐藏

选中手机充电器插槽凸出曲面部分,将鼠标光标放在 xincemiande 图层上,右击鼠标,选择 Add Selected Objects 命令,将所选物体放入指定图层中,如图 18.22 所示。

2. 制作充电方形槽轮廓曲线

(1) 创建一个 NURBS Square。选择 Create|NURBS Primitives|Square(旋转方向)命令,将 Rotate X 改为 90,用来制作充电方形槽,如图 18.23 所示。

(2) 按 Shift 键按顺序依次选中四条曲线,选择 Edit Curves|Attach Curves 命令,进行曲线连接,如图 18.24 所示。

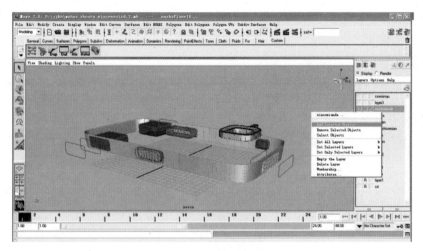

图 18.22　将目标对象放入目标图层中

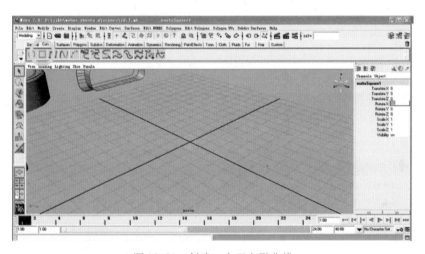

图 18.23　创建一个正方形曲线

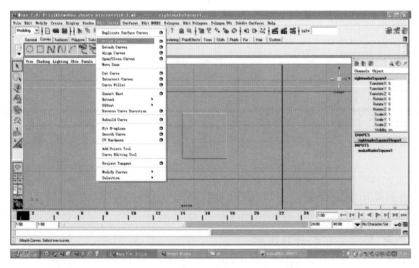

图 18.24　选中两条曲线进行曲线连接命令

（3）按 Shift 键按顺时针顺序依次选中曲线，选择 Edit Curves|Attach Curves 命令，进行曲线连接，如图 18.25 所示。

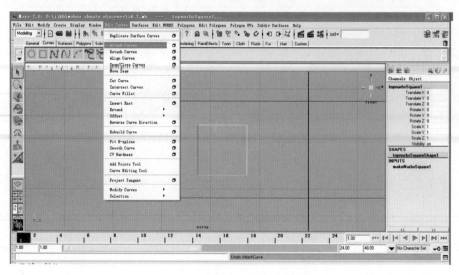

图 18.25　继续进行曲线连接命令

（4）按 Shift 键按顺时针顺序依次选中曲线，选择 Edit Curves|Attach Curves 命令，进行曲线连接，如图 18.26 所示。也可以单击 Edit Curves|Attach Curves 命令后面的方块，进行参数设置。

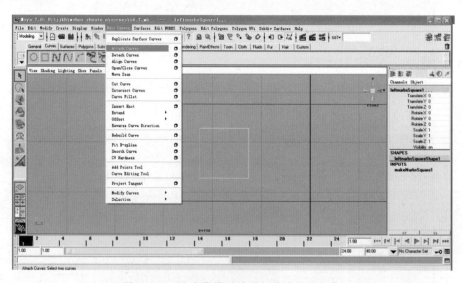

图 18.26　选中曲线继续进行曲线连接操作

（5）单击删除历史记录快捷图标，删除曲线的历史记录，如图 18.27 所示。

（6）选择连接之后的曲线，单击如图 18.28 所示圆圈内的快捷图标选择节点方式。选取重叠的两个点，移动使它们分开距离。

（7）单击如图 18.29 所示圆圈处的快捷图标，返回到物体选择的模式。

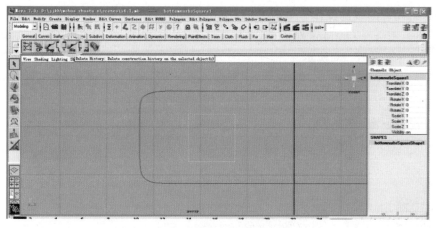

图 18.27　删除曲线历史记录

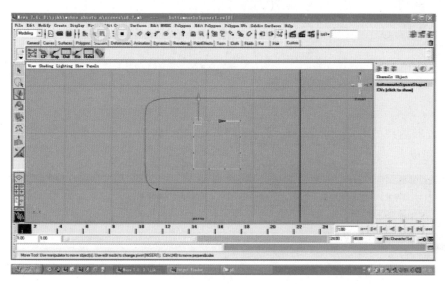

图 18.28　进入曲线的点编辑模式

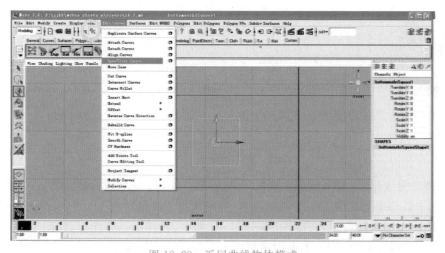

图 18.29　返回曲线物体模式

（8）进行闭合曲线的操作。单击 Edit Curves|Open/Close Curves 命令后面的方块，弹出 Open/Close Curve Options 对话框，单击 Ignore 单选按钮，然后单击 Open/Close 按钮，此时曲线闭合，如图 18.30 所示。

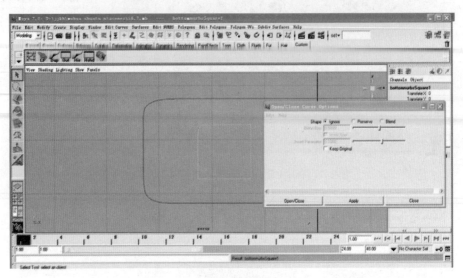

图 18.30　进行曲线闭合操作

（9）旋转曲线的方向，将 Rotate Y 改为 180，如图 18.31 所示。此时，充电方形槽轮廓曲线制作完成。

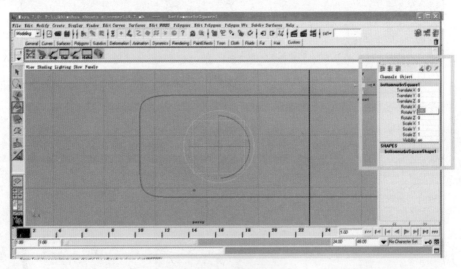

图 18.31　旋转曲线的方向

3. 制作充电方形槽曲面

（1）移动曲线位置，用来制作手机方形充电槽。单击复制对象快捷图标，复制出一条曲线，用移动工具移动到如图 18.32 所示位置，准备进行 Loft 操作。

（2）依次选择两条曲线，选择 Surfaces|Loft 命令，放样出一个曲面，如图 18.33 所示。放样之后形成的 NURBS 充电方形槽曲面如图 18.34 所示。

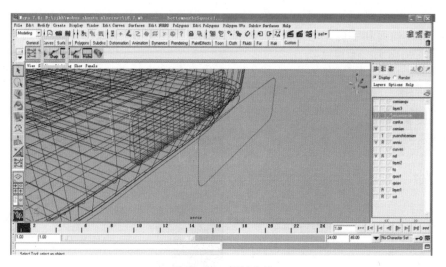

图 18.32　复制曲线

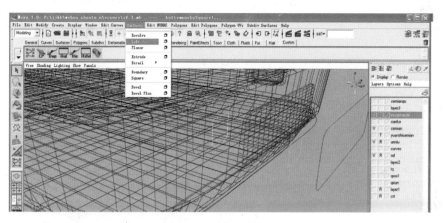

图 18.33　执行 Loft 操作

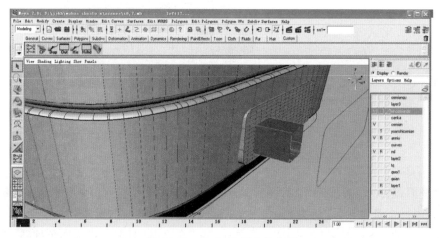

图 18.34　Loft 后生成的曲面

4. 相交曲面工具

选择 Loft 曲面和手机充电器平面,选择 Edit NURBS|Intersect Surfaces 命令,进行相交曲面操作,如图 18.35 所示。

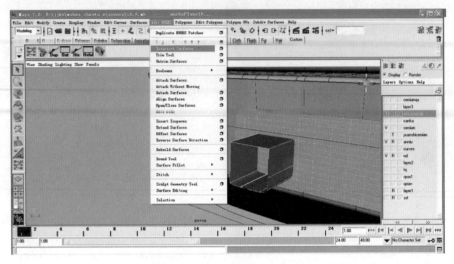

图 18.35　相交曲面操作

单击 Edit NURBS|Intersect Surfaces 后面的方块,进行参数设置:单击 Both Surfaces 单选按钮,将 Curve Type 设置为 Curve On Surface,单击 Intersect 按钮。

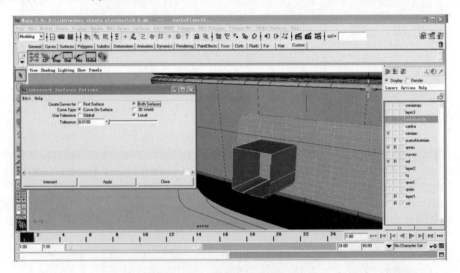

图 18.36　相交曲面操作参数设定

5. 用 Trim 修剪曲面

选择平面,选择 Edit NURBS|Trim Tool 命令,此时图形成为白色框线,选择需要留下的区域,出现一个黄色点,之后按 Enter 键,平面完成打孔修剪,如图 18.37 所示。

选择 Loft 曲面,选择 Edit NURBS|Trim Tool 命令,此时图形成为白色框线,选择需要留下的区域,出现一个黄色点,之后按 Enter 键完成曲面打孔修剪,如图 18.38 所示。

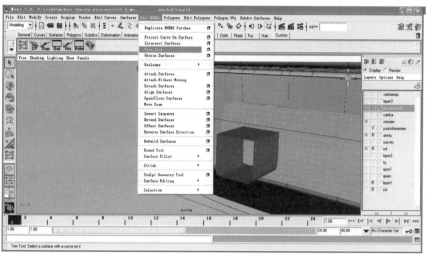

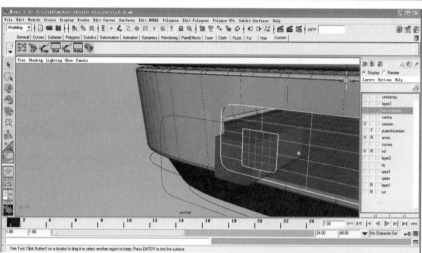

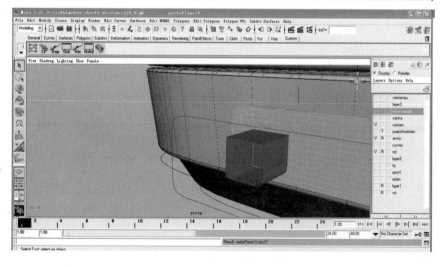

图18.37　修剪平面

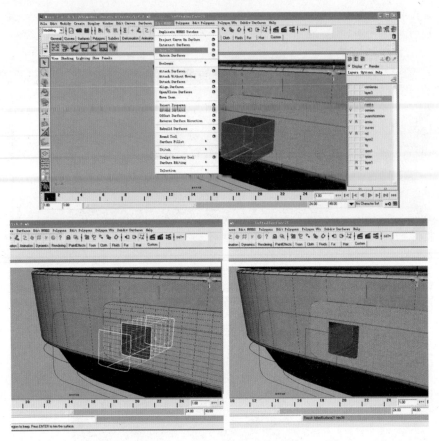

图 18.38　曲面的打孔修剪

　　观察绘制效果。进行视图切换后,在立体视图中观察充电器方形槽的制作效果,如图 18.39 所示。

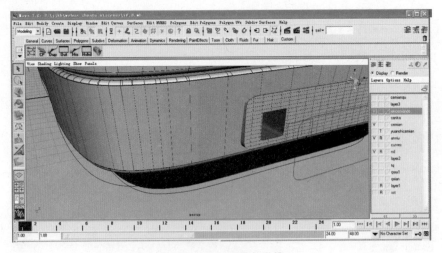

图 18.39　充电器方形槽

18.5 制作充电接口内塑料插槽曲面

说明：接口插槽由金属、塑料两种材质组成，因此需再制作出一个接口塑料插槽曲面，其操作过程与18.3节类同。

1. 新建一个 nurbsPlane 平面

新建一个 nurbsPlane 平面，在参数设置框中进行参数设置：将 Width 设置为 3，将 Length Ratio 设置为 2，将 Patches U 设置为 17，将 Patches V 设置为 17，如图 18.40 所示。

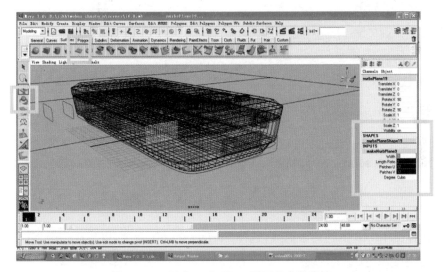

图 18.40 创建 nurbsPlane 平面的参数设置

2. 删除曲线的历史记录

单击删除历史记录快捷图标，删除前面执行 Loft 命令创建曲面的曲线的历史记录。用缩放快捷键 R 将曲线缩小一点点，用来制作充电插槽塑料曲面轮廓，如图 18.41 所示。

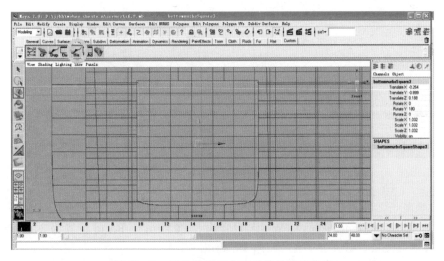

图 18.41 删除曲线历史记录并且缩放曲线

3. 复制出一条曲线并对其尺寸与位置适当调整

如图 18.42 所示,移动曲线位置,用来制作手机充电方形塑料。之后单击复制对象快捷图标复制一条曲线并移动到如图 18.42 所示位置准备进行 Loft 操作。

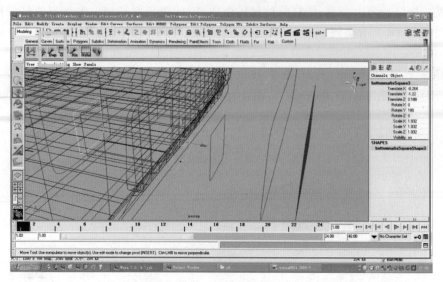

图 18.42　曲线的复制与调整

4. 放样形成一个 NURBS 曲面

依次选择图 18.43 中的两条曲线,选择 Surfaces|Loft 命令,以形成一个 NURBS 曲面。

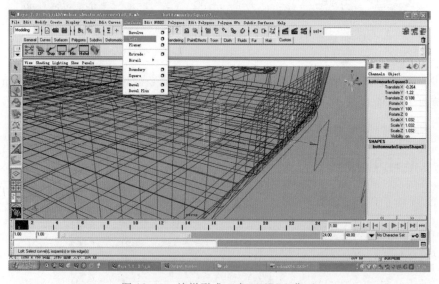

图 18.43　放样形成一个 NURBS 曲面

5. 再新建一个 nurbsPlane 平面

新建一个 nurbsPlane 平面,将 Width 设置为 3,将 Length Ratio 设置为 2,将 Patches U 设置为 17,将 Patches V 设置为 17,如图 18.44 所示。

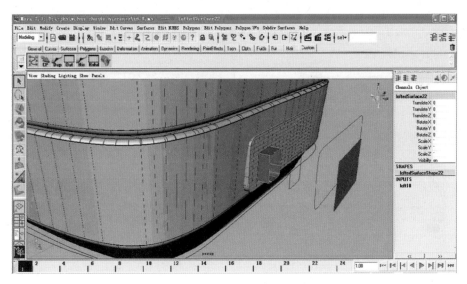

图 18.44 新建一个 nurbsPlane 平面

6. 移动调整 Plane 平面位置

如图 18.45 所示,在侧视图中将 Plane 平面移动到相交位置。注意:为下一步进行 Plane 平面和 Loft 曲面的相交操作做准备。

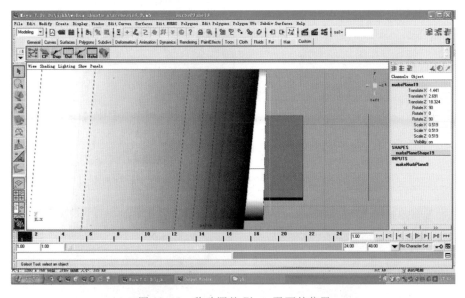

图 18.45 移动调整 Plane 平面的位置

7. 进行平面与曲面的相交操作

选择 Loft 曲面和 Plane 平面,单击 Edit NURBS|Intersect Surfaces 命令后面的方块,如图 18.46 所示,进行参数设置:单击 Both Surfaces 单选按钮,在 Curve Type 中选择 Curve On Surface 单选按钮,然后单击 Intersect 按钮。

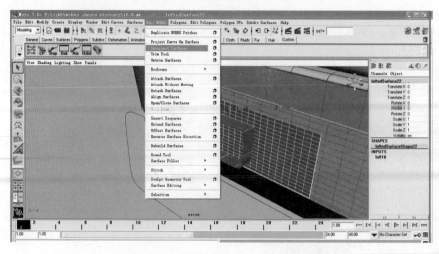

图 18.46　进行平面与曲面的相交操作

8. 选择 Loft 曲面进行 Trim 操作

选取 Loft 曲面,选择 Edit NURBS|Trim Tool 命令,在形成的白色框线中选择需要留下的区域,出现一个黄色点,按 Enter 键,完成 Loft 曲面的打孔修剪操作,如图 18.47 所示。

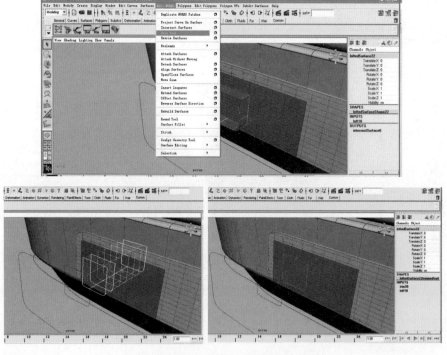

图 18.47　对 Loft 曲面进行 Trim 操作

9. 选择 Plane 平面进行 Trim 操作

选取 Plane 平面,选择 Edit NURBS|Trim Tool 命令,在形成的白色框线中选择需要留下的区域,出现一个黄色点,按 Enter 键,完成 Plane 平面的 Trim 操作,如图 18.48 所示。

此时,手机充电方形槽塑料橡胶部分制作完成。

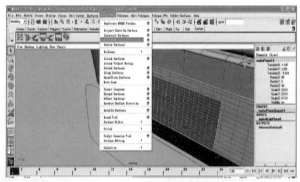

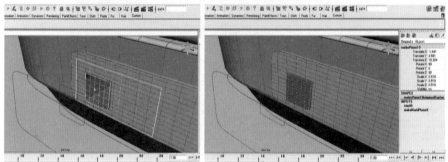

图 18.48 对 Plane 平面进行 Trim 操作

18.6 材质的渲染调整

1. 充电接口插槽凸起金属曲面的材质

如图 18.49 所示,选择 Window | Rendering Editors | Hypershade 命令,调出

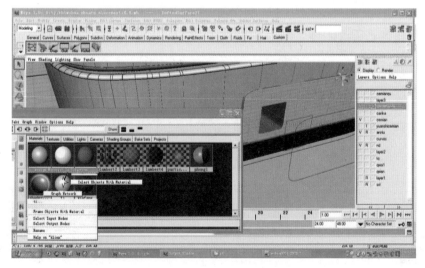

图 18.49 Hypershade 编辑器

Hypershade 编辑器，选取充电接口插槽凸起曲面部分，将光标放于节点关系图 ceanniu 上，右击鼠标，选择 Assign Material To Selection 命令，将所选的金属材质附着到所选物体上，如图 18.50 所示。

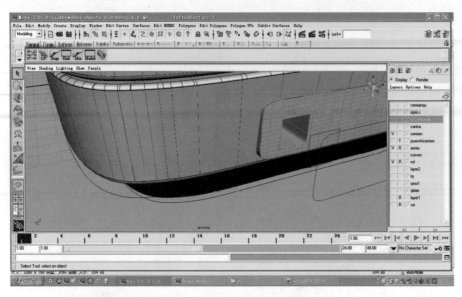

图 18.50　给接口插槽和凸起曲面赋予材质

2. 充电槽塑料曲面的材质

1）调出 Hypershade 编辑器进行材质创建

选择 Window|Rendering Editors|Hypershade 命令，调出 Hypershade 编辑器，创建一个 Lambert 材质，然后对材质进行更名和颜色设置：按住 Ctrl 键同时双击材质节点，将其名称更改为 xiangjiao，如图 18.51 所示，按 Enter 键；单击 Color 后面的色块，在弹出的

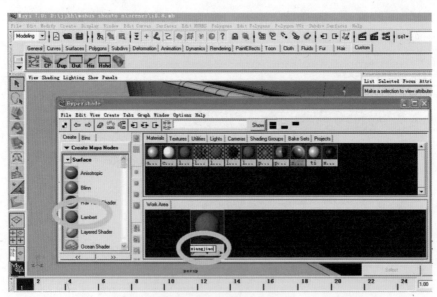

图 18.51　更改材质名称

Color Chooser 参数设置框中对 H 值和 V 值进行设置，单击 Accept 按钮确定选择颜色，如图 18.52 所示。

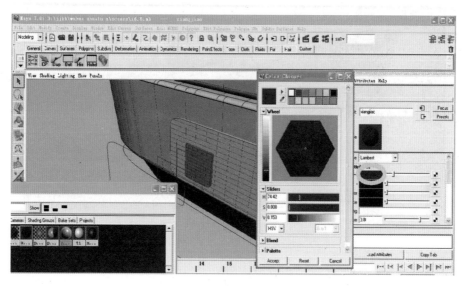

图 18.52 材质颜色的设置

2）赋予充电槽塑料曲面材质

如图 18.53 所示，调出 Hypershade 编辑器，选择手机充电槽塑料曲面，调出材质编辑窗口，将鼠标光标放于节点关系图的 xiangjiao 上，右击鼠标，选择 Assign Material To Selection 命令，将所选材质附着到所选物体之上，如图 18.54 所示。

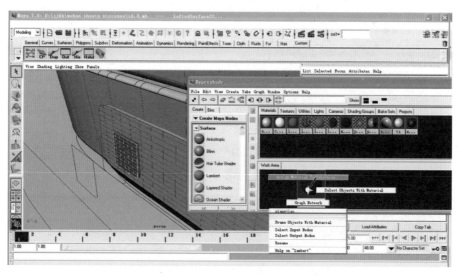

图 18.53 给对象赋予所选材质

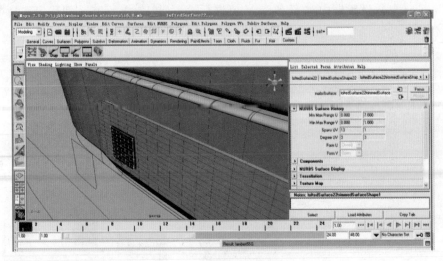

图 18.54   赋予对象材质之后

18.7   绘制方形槽内的金属接线圆形孔

1. 创建一条 nurbsCircle 曲线

如图 18.55 所示，单击创建曲线快捷图标，或者选择 Create|NURBS Primitives|Circle
命令，创建一条 nurbsCirle 曲线，在参数设置框中将 Rotate X 设置为 90，用来制作充电器接
口中的金属孔。

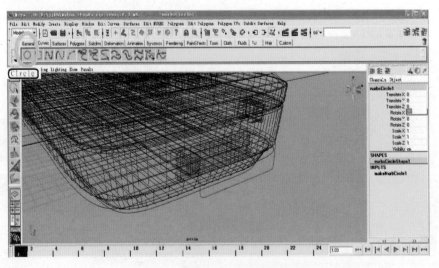

图 18.55   创建一条 nurbsCirle 曲线

2. 复制一条 nurbsCircle 曲线

如图 18.56 所示，选取一条 nurbsCircle 曲线，进行复制后将其移动到适当位置，为后面
进行 Loft 操作做准备。

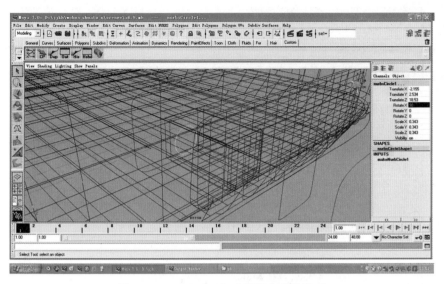

图 18.56 nurbsCircle 曲线的复制与移动

3. 进行 Loft 操作

如图 18.57 所示,依次选择以上两条曲线,选择 Surfaces|Loft 命令,放样出一个 nurbsCircle 曲面,如图 18.58 所示。

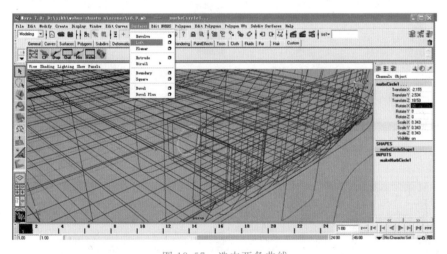

图 18.57 选中两条曲线

4. 进行曲面的相交操作

选择 Loft 曲面和 Plane 平面,选择 Edit NURBS|Intersect Surfaces 命令,在参数设置框中单击 Both Surfaces 单选按钮,在 Curve Type 中选择 Curve On Surface 单选按钮,然后单击 Intersect 按钮,如图 18.59 所示。

5. 对 Plane 平面进行 Trim 操作

选择 Plane 平面,选择 Edit NURBS|Trim Tool 命令,在白色框线中选择需要留下的区域后,出现一个黄色点;然后按 Enter 键,完成对 Plane 平面的 Trim 操作,如图 18.60 所示。

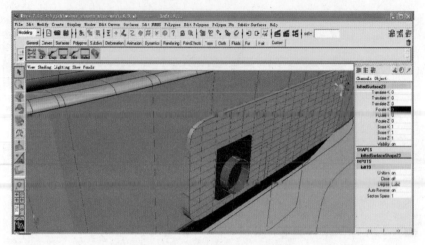

图 18.58　进行曲线的 Loft 操作

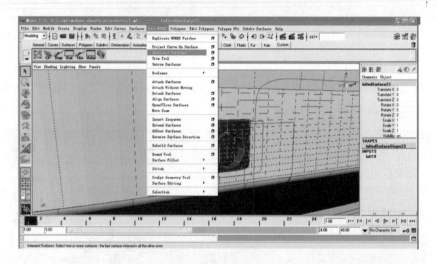

图 18.59　进行曲面的相交操作

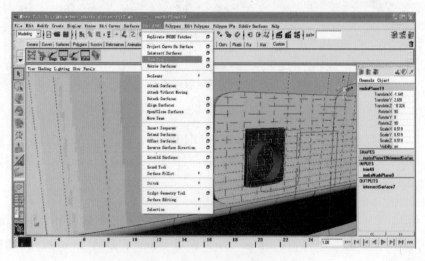

图 18.60　对 Plane 平面的 Trim 操作

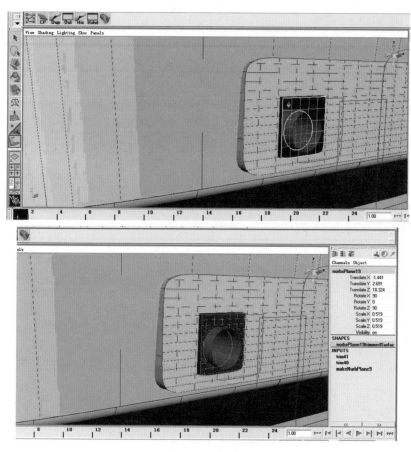

图 18.60(续)

6. 对 Loft 曲面进行 Trim 操作

选择 Loft 曲面,完成 Loft 曲面的 Trim 操作,如图 18.61 所示。

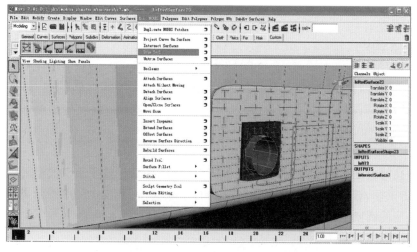

图 18.61 对 Loft 曲面进行 Trim 操作

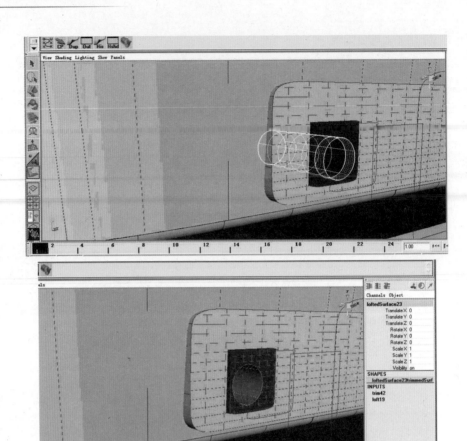

图 18.61(续)

18.8　内孔材质的创建与渲染

1. 创建一种 Blinn 材质

如图 18.62 所示，选择 Window | Rendering Editors | Hypershade 命令，调出 Hypershade 编辑器，创建一个 Blinn 材质，将创建的 Blinn 材质更名为 limianjin。单击 Color 快捷图标，选取色块后，在出现的 Color Chooser 参数设置框中对 H 值和 V 值进行设置，然后单击 Accept 按钮，确定选择颜色，如图 18.62 所示。

2. 进行内孔材质的渲染

选择圆孔的内壁为对象，调出材质编辑窗口，将鼠标光标放于名为 limianjin 的节点关系图上，右击鼠标，选择 Assign Material To Selection 命令，如图 18.63 所示，将所选材质附着到所选孔洞的圆壁上。其完成渲染操作后的视图如图 18.64 所示。

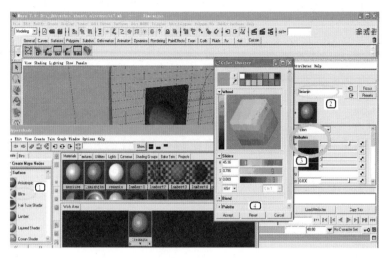

图 18.62　创建一种 Blinn 渲染的材质

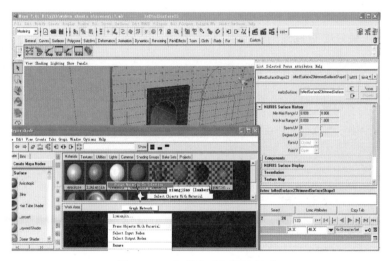

图 18.63　将所选对象赋予材质

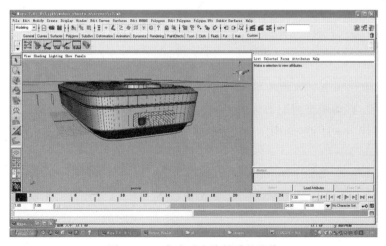

图 18.64　完成对内孔材质的渲染

第19章 USB数据接口的制作

本章主要对 USB 数据接口的制作步骤进行了较详细的叙述,其中包括对同一部件进行两种不同材质的渲染和利用立方体创建工具绘制一个部件的方法,这些是新的要熟练掌握的内容。

19.1 USB 接口轮廓曲线的绘制

1. 先绘制出一条 CV 曲线

将视图调到 Front 视图,单击创建 CV 曲线快捷图标,或者选择 Create|CV Curve Tool命令,创建一条 CV 曲线,如图 19.1 所示。参照三视图,精确绘制这条 CV 曲线。注意:绘制时点不要太多,最好要对称均匀分布。

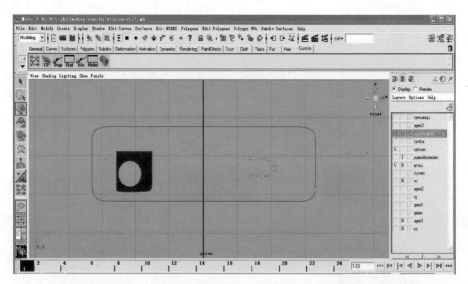

图 19.1　绘制出一条 CV 曲线

2. 移动调整绘制中心点的位置

按 Insert 键,移动调整绘制曲线的中心位置到曲线一端,以有利于曲线的镜像复制;移动调整好后,再按 Insert 键,如图 19.2 所示。

3. 镜像复制绘制的曲线

选择曲线,单击 Edit|Duplicate 命令后面的方块,如图 19.3 所示,在弹出的 Duplicate Options 参数设置框中,将 Scale X 值设置为 −1,如图 19.4 所示,进行曲线的镜像复制。

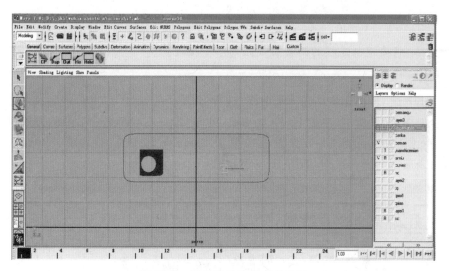

图 19.2　移动调整中心点的位置

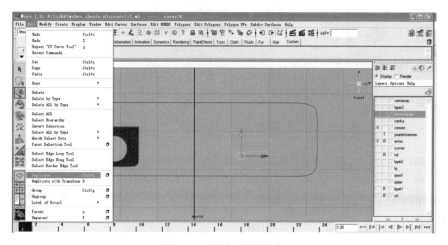

图 19.3　选择复制命令

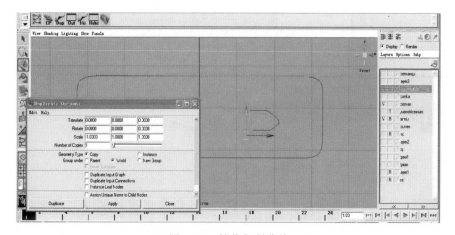

图 19.4　镜像复制曲线

4. 适当移动调整两条曲线的距离

注意：将要进行连接的两条曲线距离尽量接近。

5. 进行曲线的连接与闭合

按住 Shift 键,同时选中两条 CV 曲线;选择 Edit Curves|Attach Curves 命令进行曲线连接操作,如图 19.5 所示;单击 Edit Curves|Open/Close Curve 命令后面的方块,在弹出的 Open/Close Curve Options 参数设置框中单击 Blend 单选按钮,然后单击 Open/Close 按钮,完成两条曲线的闭合操作,如图 19.6 所示。

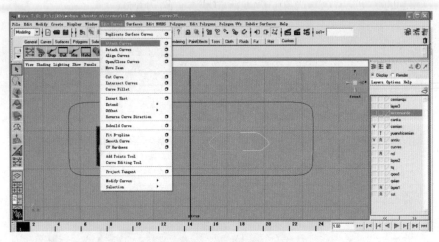

图 19.5 连接曲线

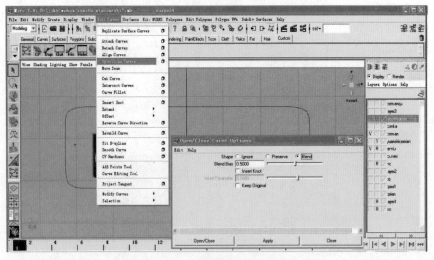

图 19.6 两条曲线闭合操作

6. 删除绘制曲线的历史记录

选择曲线,单击删除曲线历史记录快捷图标,删除选中对象历史记录,如图 19.7 所示。

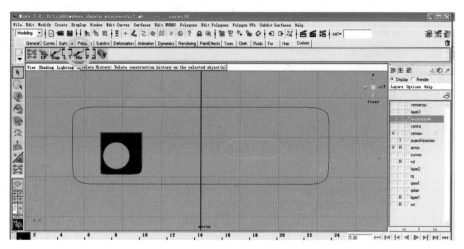

图 19.7 、单击快捷图标删除曲线历史记录

19.2 USB 接口曲面绘制

1. 曲线中心点位置的调整

单击 Center Pivot 快捷图标(或者选择 Modify|Center Pivot 命令),使绘制的中心点移动到曲线的中心位置,如图 19.8 所示。

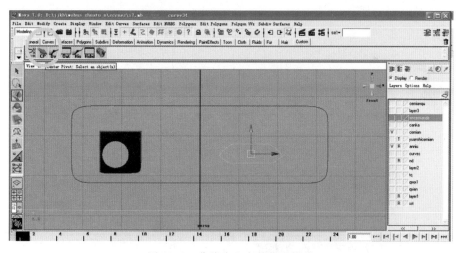

图 19.8 曲线中心点的位置调整

2. 切换到立体三维视图并复制出一条接口的曲线

其操作不再赘述。注意:复制后沿 Z 轴方向将复制的曲线移动调整到适当的位置,如图 19.9 所示。

3. 进行曲面放样

按住 Shift 键,同时选中上述两条曲线,选择 Surfaces|Loft 命令,放样出一个接口的 NURBS 曲面,如图 19.10 所示。

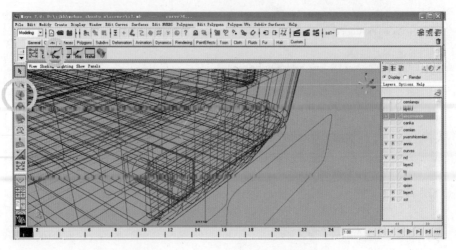

图 19.9   接口曲线的复制与移动调整

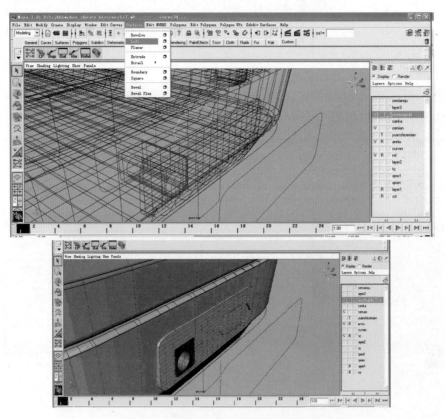

图 19.10   放样出接口的 NURBS 曲面

4. 进行平面与曲面的相交操作

同时选择 Loft 曲面和 Plane 平面,单击 Edit NURBS|Intersect Surfaces 命令后面的方块,在弹出的参数设置框中单击 Both Surfaces 单选按钮,在 Curve Type 中单击 Curve On Surface 单选按钮,然后单击 Intersect 按钮,进行接口平面与曲面的相交曲面操作。

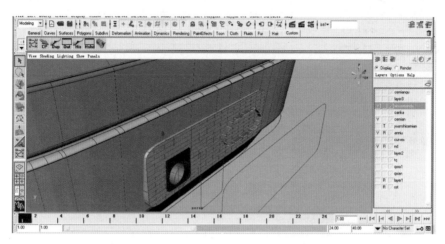

图 19.11　进行接口平面与曲面的相交曲面操作

5. 选择 Plane 平面进行 Trim 操作

选取 Plane 平面，选择 Edit NURBS|Trim Tool 命令，在出现的白色框线中选择需要留下的区域，出现一个黄色点，然后按 Enter 键，完成 Plane 平面的 Trim 工作，如图 19.12 所示。

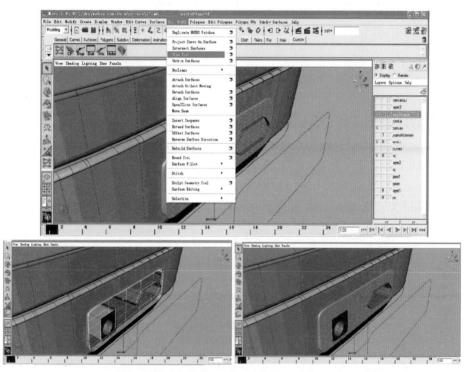

图 19.12　选择 Plane 平面进行 Trim 操作

6. 选择 Loft 曲面进行 Trim 操作

除选取 Loft 曲面为目标对象外，其操作过程完全与步骤 5 的操作相同，完成 Loft 曲面的 Trim 工作，如图 19.13 所示。

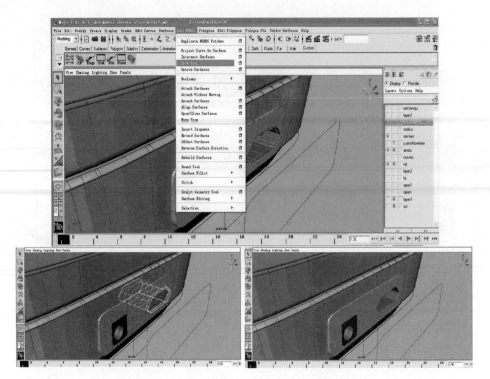

图 19.13　选择 Loft 曲面进行 Trim 操作

19.3　接口平面的大小与方位调整

要将绘制好的接口槽精确地放置到位,需要进行以下操作:(1)单击创建平面快捷图标,创建一个 nurbsPlane 平面。(2)在出现的参数设置框中进行参数设置:将 Width 设置为 3,将 Length Ratio 设置为 2;将 Patches U 设置为 1,将 Patches V 设置为 1;将 Rotate X 设置为 90,将 Rotate Z 设置为 90。(3)将 Translate Y 设置为 2.711,将 Translate Z 设置为16.737;将 Scale X 设置为 0.5,进行位置移动和大小缩放。如图 19.14 所示。

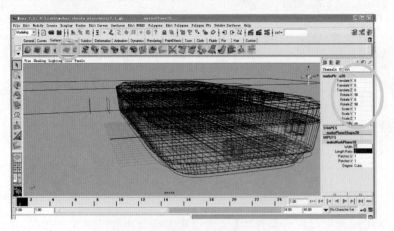

图 19.14　内部平面精确放置调整

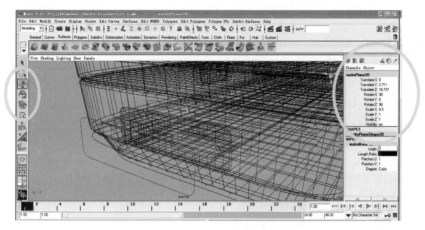

图 19.14(续)

19.4 观看接口绘制与放置的视图效果

USB 接口绘制的视图效果如图 19.15 所示。

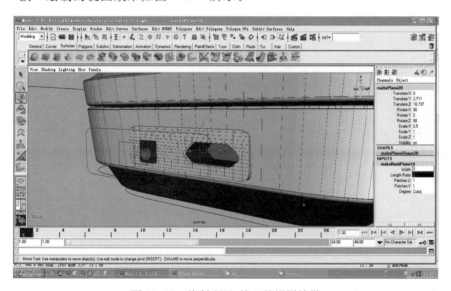

图 19.15 绘制 USB 接口的视图效果

19.5 赋予接口材质

1. 赋予接口曲面体橡塑材质

选择 Window|Rendering Editors|Hypershade 命令,调出 Hypershade 编辑器,同时选择数据传输槽平面和内曲面,将鼠标光标置于 xiangjiao 材质上,右击鼠标,选择 Assign Material To Selection 命令,将所选材质附着到所选物体之上,如图 19.16 所示。

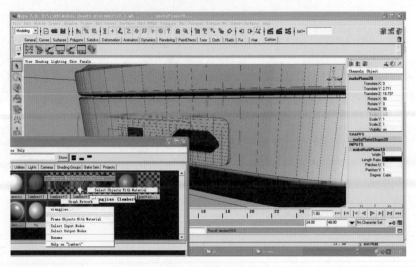

图 19.16　接口曲面体橡塑材质的渲染

2. 赋予接口槽内的数据传输部件金属材质

1) 创建一个金属材质的部件

选择 Create|NURBS Primitives|Cube 命令，或者单击创建 Cube 快捷图标，选取方形的6个面为对象（注意：必须将6个面都选中），然后将名称修改为 chongdian，如图 19.17 所示。

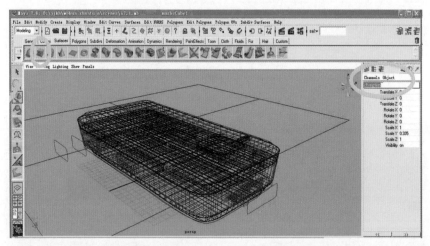

图 19.17　创建一个方形 6 个面体的部件

2) 位置移动和大小缩放的调整

在参数设置框，将 Translate X 设置为 1.554，将 Translate Y 设置为 2.697，将 Translate Z 设置为 17.129，进行移动调整；将 Scale X 设置为 1.394，将 Scale Y 设置为 0.206，将 Scale Z 设置为 2.115，进行缩放调整，如图 19.18 所示。

3) 赋予部件金属材质

选择 Window|Rendering Editors|Hypershade 命令，调出 Hypershade 编辑器，选择数据传输金属部件为对象，在材质编辑窗口中将鼠标光标置于 limianjin 材质上，右击鼠标，选择 Assign Material To Selection 命令，如图 19.19 所示，将所选材质附着到所选物体之上，如图 19.20 所示。

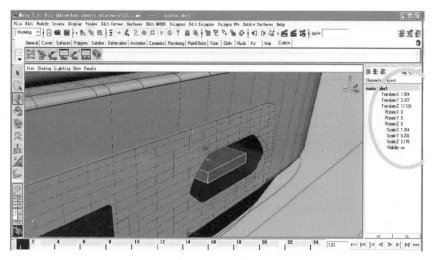

图 19.18　位置移动和大小缩放的调整

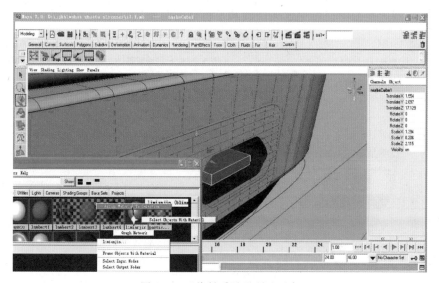

图 19.19　将材质赋予所选对象

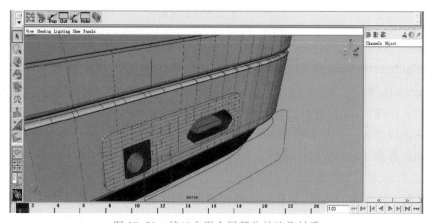

图 19.20　接口方形金属部分的渲染材质

第 20 章　手机安全便携绳孔的制作

本章主要对手机安全便携绳孔的制作进行了简要说明,尤其是对双圆孔的制作过程给予了较详细的描述。同时,增加了制作拾音小孔的补充实践练习,以帮助你对其制作方法尽快掌握。

20.1　便携绳孔洞槽的制作

1. 制作机身左侧的一个穿绳槽洞

如图 20.1 所示,切换到 Left 视图中,用 CV 曲线制做一个圆形曲线放于图中位置。注意一定要切换到此视图中。选中这条曲线和手机侧面曲面。

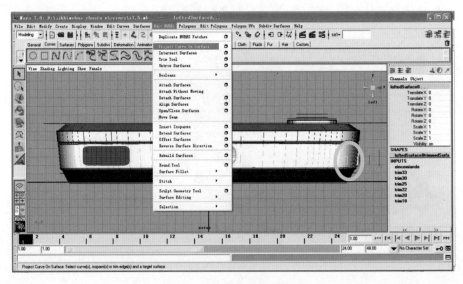

图 20.1　将曲线投影到曲面

单击 Edit NURBS|Project Curve On Surface 命令后面的方块。在弹出的 Project Curve On Surface Options 参数设置框中,将 Project Along 选项设置为 Active View,将 Use Tolerance 选项设置为 Local。设置完之后单击 Project 按钮,如图 20.2 所示。

切换到立体视图,此时看到已经投影了曲线,如图 20.3 所示。

选择曲线后面的一条投影曲线,因为此方向的穿绳的插槽只有一个,所以按 Delete 键删除多余的投影曲线,如图 20.4 所示。

2. 制作机身另一个穿绳槽洞

(1) 复制手机穿绳洞曲线,旋转这条曲线方向,用来制作手机的另一个穿绳槽洞。切换到 Front 视图中。注意一定要切换到此视图中。选中曲线和手机侧面曲面。

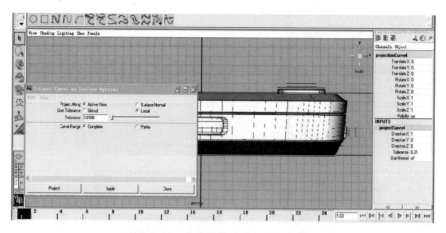

图 20.2　曲线投影命令的参数设定

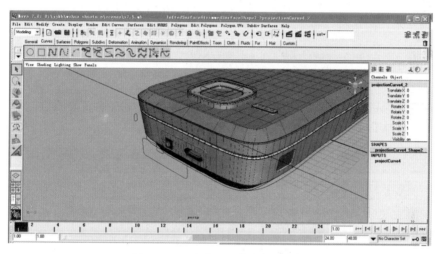

图 20.3　选中曲面多余的投影曲线

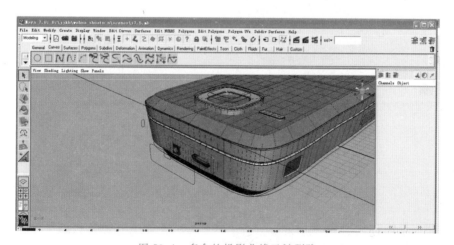

图 20.4　多余的投影曲线已被删除

单击 Edit NURBS|Project Curve On Surface 命令后面的方块,进行参数设定,进行投影曲线到曲面操作,如图 20.5 所示。

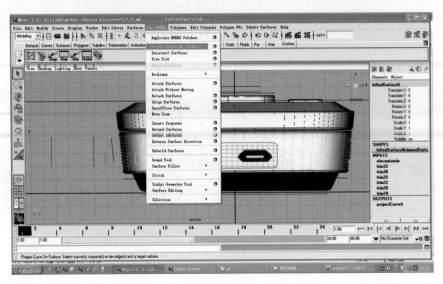

图 20.5   将另一条曲线投影到曲面上

（2）删除多余的投影曲线。因为此方向穿绳插槽只有一个,选择曲面后面的一条多余的投影曲线,按 Delete 键删除多余的投影曲线,如图 20.6 所示。

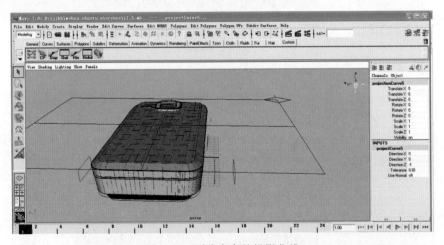

图 20.6   删除多余的投影曲线

20.2   选择机体侧面曲面进行打孔生成孔槽

1. 选取侧曲面和 Trim 工具完成打孔

选取侧面机体曲面,选择 Edit NURBS|Trim Tool 命令,在出现的白色框线上选择需要留下的区域,出现一个黄色点,然后按 Enter 键,如图 20.7 所示。

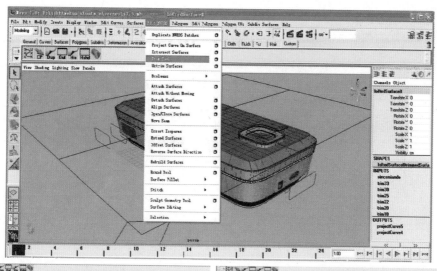

图 20.7　选取侧曲面用 Trim 工具完成打孔

2. 进入对象的 Trim Edge 模式

将鼠标光标移动到侧面曲面上，右击鼠标，选择 Trim Edge 命令，进入 Trim Edge 模式，如图 20.8 所示。然后选取修剪边，单击一条修剪边的曲线后变为黄色，如图 20.9 所示。

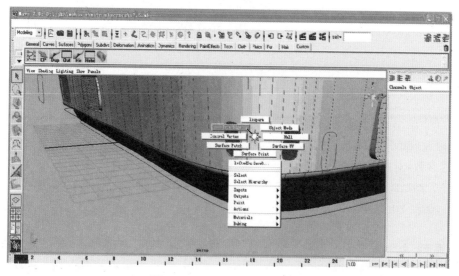

图 20.8　进入 Trim Edge 模式

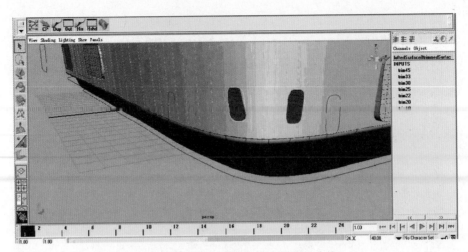

图 20.9　在 Trim Edge 模式下选择曲线

3. 复制曲面曲线

选择 Edit Curves|Duplicate Surface Curves 命令,复制 Trim Edge 模式下选中的黄色曲线,如图 20.10 所示。

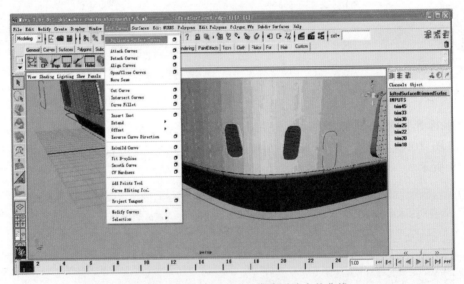

图 20.10　复制 Trim Edge 模式下选中的曲线

4. 对复制出的曲线进行大小与方位调整

设置参数,对曲线大小与方位进行调整:将 Translate X 设置为 1.265,将 Translate Z 设置为-0.297,将 Rotate X 设置为-0.503,将 Rotate Y 设置为 26.261,将 Rotate Z 设置为 0.901,如图 20.11 所示。

提示:由于在机体侧面的穿线孔有两个,以上的 Trim Edge 操作只完成了一个,因此还要对另一个进行同样的操作。除进入 Trim Edge 模式选取另一个孔曲面边以外,其他操作步骤完全相同,不再赘述。

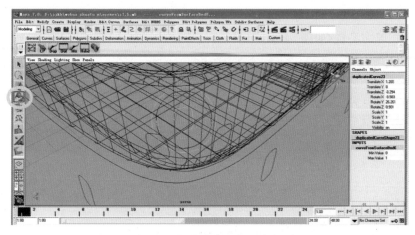

图 20.11　进行曲线大小与方位的调整

20.3　Loft 命令放样出孔槽 NURBS 曲面

将鼠标光标移动到侧面曲面上,右击鼠标,选择 Trim Edge 命令,此时已进入 Trim Edge 模式。选中 Trim 曲线,此曲线成为黄色,按住 Shift 键选择复制后的曲线,执行 Loft 命令,放样出一个曲面,如图 20.12 所示。

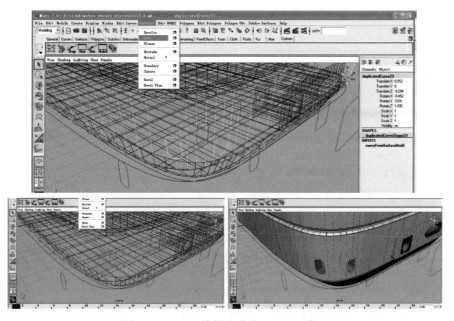

图 20.12　Loft 放样出孔的 NURBS 曲面

20.4　创建出孔洞内部的平面

创建一个 nurbsPlane 平面,进行参数设置:将 Width 设置为 3,将 Length Raido 设置为 2,将 Patches U 设置为 1,将 Patches V 设置为 1。然后,进行位置移动和大小缩放操作,将其放于 Loft 曲面之后,如图 21.13 所示。

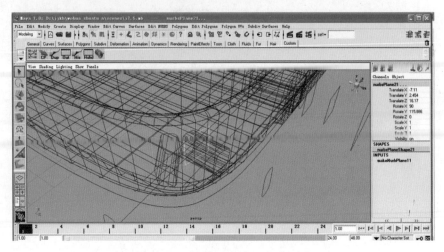

图 20.13　将平面放于 Loft 曲面后

注意：现在用 Loft 命令制作了一个便携绳孔洞,另一个便携绳孔洞内部曲面的制作方法和这个孔洞的方法一致。

20.5　赋予便携绳孔洞内部曲面材质

选择 Window|Rendering Editors|Hypershade 命令,调出 Hypershade 编辑器。选择两个 Plane 曲面,调出材质编辑窗口,将鼠标光标放于 ti 材质上,右击鼠标,选择 Assign Material To Selection 命令,将所选材质附着到所选物体之上,如图 20.14 所示。

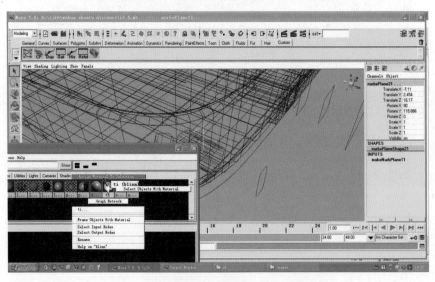

图 20.14　赋予便携绳孔洞内部曲面材质

补充实践操作——圆形拾音小孔的制作

1. 创建曲线

选择 Create|NURBS Primitives|Circle 命令，将 Rotate X 设置为 90，用来制作手机的圆形拾音小孔，如图 20.15 所示。

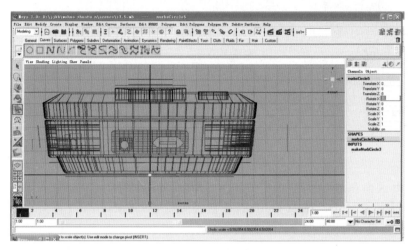

图 20.15 创建曲线

2. 再复制一条圆形曲线

移动这条曲线到合适位置，进行参数设置：将 Translate X 设置为 5.632，将 Translate Y 设置为 4.006，将 Translate Z 设置为 18.731；将 Rotate X 设置为 0.172，将 Rotate Y 设置为 0.172，将 Rotate Z 设置为 0.172。

复制一条曲线，沿 X 轴移动，放于如图 20.16 所示位置。按住 Shift 键，选中两条曲线，放样出曲面。

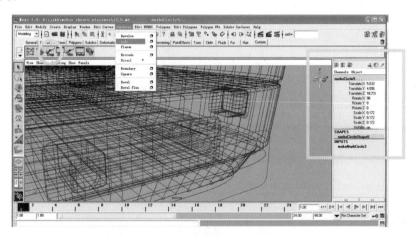

图 20.16 圆形曲线的复制与方位调整

3. Loft 放样出 NURBS 曲面

Loft 放样之后形成的 NURBS 曲面，如图 20.17 所示。

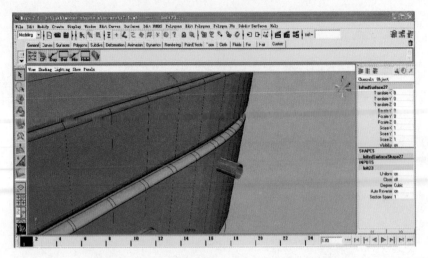

图 20.17　Loft 放样形成的圆形 NURBS 曲面

4. 生成圆滑导角曲面

选择 Loft 曲面和侧面曲面，单击 Edit NURBS|Surface Fillet|Circular Fillet 命令后面的方块，在弹出的 Circular Fillet Options 参数设置框中，将 Radius 设置为 0.0170，生成的白色曲面是刚生成的导角曲面，如图 20.18 所示。

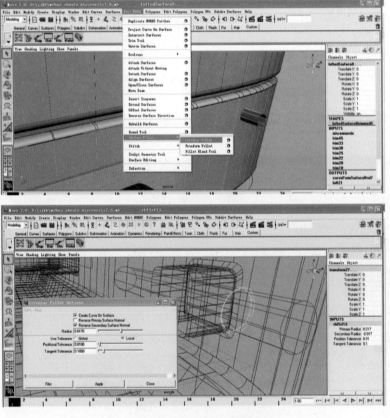

图 20.18　进行孔曲面的圆滑操作

5. 选择侧面曲面进行 Trim 操作

选择侧面曲面,选择 Edit NURBS|Trim Tool 命令,在出现的白色框线中选择需要留下的区域,出现一个黄色点,按 Enter 键,完成侧面曲面的 Trim 工作,如图 20.19 所示。

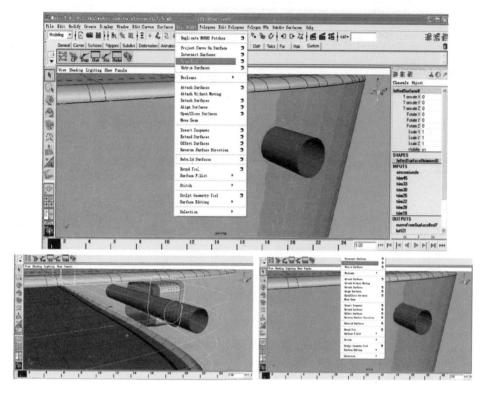

图 20.19 选择侧曲面进行孔的 Trim 操作

6. 选择 Loft 曲面进行 Trim 操作

除了选择 Loft 曲面外,其余操作完全与步骤 5 相同,如图 20.20 所示。

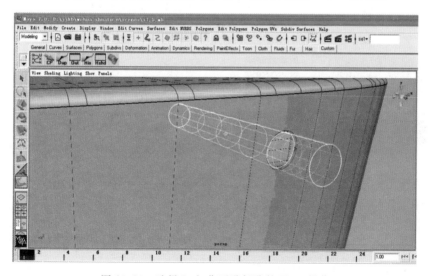

图 20.20 选择 Loft 曲面进行孔的 Trim 操作

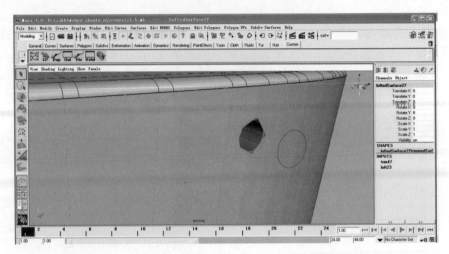

图 20.20(续)

7. 赋予拾音小孔的材质

选择拾音小孔曲面，选择 Window｜Rendering Editors｜Hypershade 命令，调出 Hypershade 编辑器。调出材质编辑窗口，将鼠标光标放于 ti 材质上，右击鼠标，选择 Assign Material To Selection 命令，将所选材质附着到所选物体之上，如图 20.21 所示。

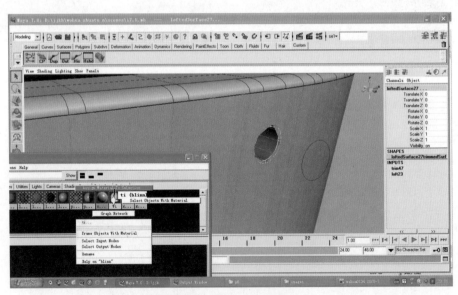

图 20.21 拾音小孔的材质渲染

被赋予材质的拾音小孔如图 20.22 所示。

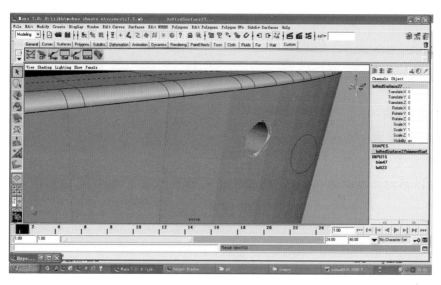

图 20.22 拾音小孔制作完成已被赋予材质

第 21 章　扬声器口网状金属材质的渲染

手机样机设计基本完成后，完善设计是整个设计过程中必不可少的一个重要环节。本章主要对扬声器口网状金属材质的渲染进行补充操作，包括创建金属材质和建立渲染节点网，以完成渲染贴图工作，这些是你需要熟练掌握的内容。最后，你可将设计完成的手机以不同角度和方位，在三维视图中进行整体效果的展示，以结束全部的实训工作。

21.1　创建金属材质与渲染节点网

1. 创建金属材质及其命名

选择 Window | Rendering Editors | Hypershade 命令，进入 Hypershade 编辑器；单击 Blinn 快捷图标，创建金属材质；按住 Ctrl 键双击 Blinn 节点，将节点重新命名为 kuoyin，如图 21.1 所示。

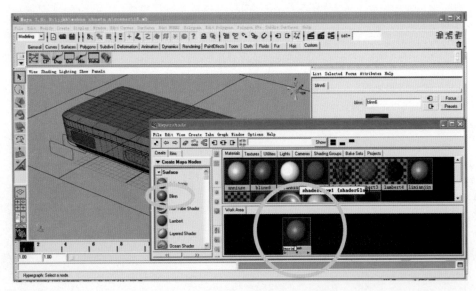

图 21.1　金属材质的创建及其节点的命名

2. 创建映射贴图节点

双击 kuoyin 节点，调出属性编辑参数框。单击 Color 颜色对话框后面的方形框，弹出 Creat Render Node 对话框，单击 As projection 单选按钮，单击 File 图标，如图 21.2 所示。可以选择贴图文件的位置，图像可以是 jpg 等格式的图形。选择计算机中图的位置之后图片可以贴过来。

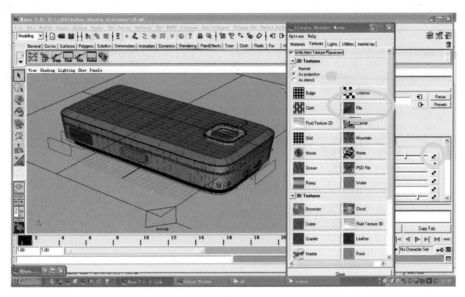

图 21.2　创建映射贴图节点

选择 File 之后这里会出现渲染节点关系网。单击图标可以展开材质节点前后的节点关系图，如图 21.3 所示。

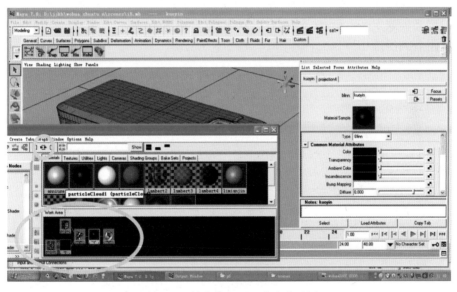

图 21.3　单击按钮展开节点关系网

3. 选取贴图

单击 File 节点。单击如图 21.4 所示图标处，在硬盘里面找到需要贴进去的 wangzhuang123.jpg 图片。最好开始的时候就将需要用的贴图放入到建立的工程文件夹里面的 sourceimages 文件夹里，这样便于查找和管理。

图 21.4 映射贴图的选取与贴入

21.2 赋予扩音器网状金属材质

1. 赋予扩音器材质

选择扩音器平面,选择 Window | Rendering Editors | Hypershade 命令,调出材质编辑窗口。将鼠标光标放于 kuoyin 材质上,右击鼠标,选择 Assign Material To Selection 命令,将所选材质附着到所选物体之上,如图 21.5 所示。

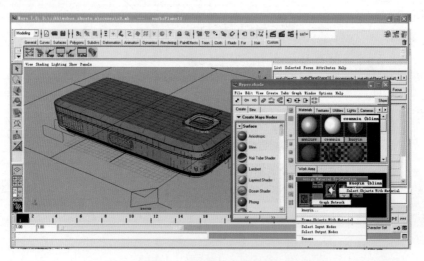

图 21.5 赋予扩音器材质

2. 进行贴图方位的对齐调整

平面已应用了 kuoyin 材质。在 Hypershade 编辑器中单击 projection4 节点,单击 Fit To BBox 按钮,进行贴图对齐的调整,如图 21.6 所示。

切换到 place3dTexture4 节点将 Rotate 设置为 90,使之旋转,如图 21.7 所示。

切换到 projection4,单击 Fit To BBox 按钮,如图 21.8 所示。

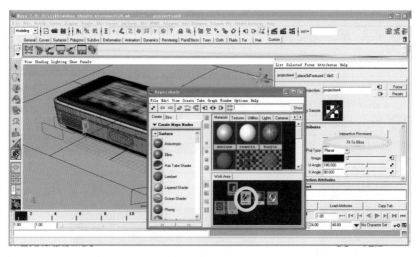

图 21.6　贴入视图的方位与对齐调整

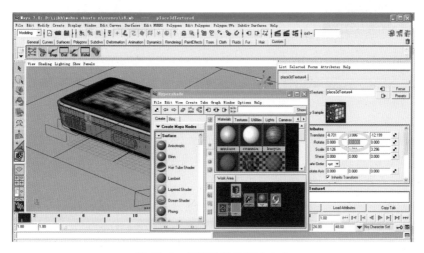

图 21.7　旋转映射贴图的方向

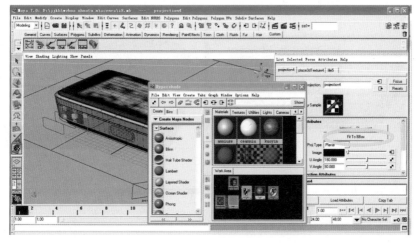

图 21.8　单击 Fit To BBox 按钮

3. 切换视图观看一下渲染效果

如图 21.9 所示,在立体视图中,单击渲染按钮渲染一下,看到扩音器的地方有一点密集。

图 21.9 整体观察渲染效果

4. 切换到 projection4 对映射贴图的大小进行调整

此时可以切换到 projection4 节点,对贴图的大小进行调整,调整时拉动边角的蓝色方块,向外拉时扩音器洞会变大,如图 21.10 所示。

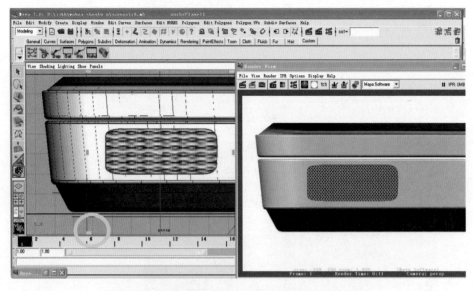

图 21.10 切换到 projection4 对贴图的大小进行调整

5. 赋予扬声器口另一侧曲面材质

选择另一侧扩音器曲面,调出材质编辑窗口。将鼠标光标放于 kuoyin 材质上,右击鼠标,选择 Assign Material To Selection 命令,将所选材质附着到所选物体之上,如图 21.11 所示。

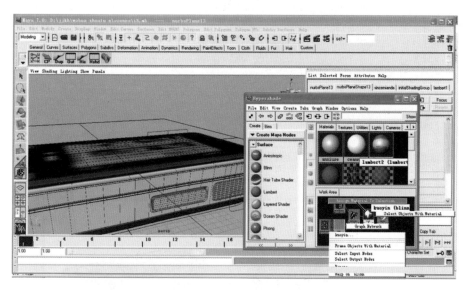

图 21.11 赋予扬声器口另一侧曲面材质

单击渲染按钮渲染一下,如图 21.12 所示。

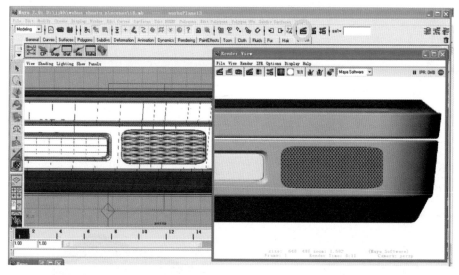

图 21.12 渲染观看扬声器

6. 进行视图切换观看整体效果

在三维视图中观看到整体渲染效果,如图 21.13 所示。

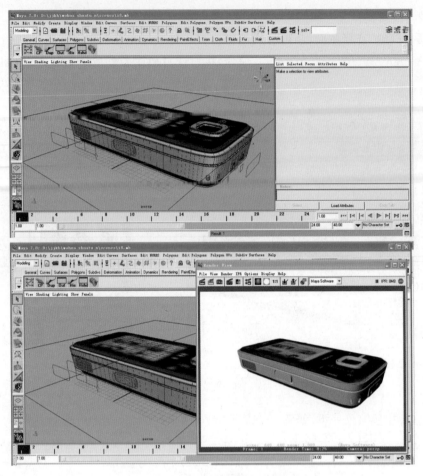

图 21.13 视图切换观看整体渲染的效果

21.3 手机整体设计的渲染欣赏

在对手机样机完成整体设计与材质渲染后,为了解整体的设计效果以获得自我设计的成就感,本节以不同方位的视角,展现了样机的设计与渲染效果,以供实践者欣赏。通过与实拍的手机照片相比,从图 21.14 至图 21.16 可以看出:设计出的样机整体效果美观、清晰、细腻,具有诱人的立体动感和美感。

图 21.14 以不同方位视角展现的设计与渲染效果

图 21.15　以不同材质和颜色渲染的设计效果

图 21.16　以不同角度实拍的手机样机照片

参 考 文 献

1. eNet 学院. Maya 基础与实例教程[OL]. http://www.enet.com.cn/eschool/zhuanti /maya/.
2. 铁钟. Maya 2008 中英文命令速查手册[M]. 北京：清华大学出版社，2008.
3. 李志赢，李才应. Maya 命令参考大全[M]. 北京：兵器工业出版社，2006.
4. 铁钟，高昂，方叶. Maya 8.5 从新手到高手[M]. 北京：清华大学出版社，2007.
5. 高润生，万力. Maya 造型动画设计技法范例[M]. 北京：清华大学出版社，2004.
6. 刘继宏，陈路石等. Maya 2008 完全自学教程[M]. 北京：人民邮电出版社，2008.